高职高专教育"十二五"规划教材

AutoCAD 2010 基础案例教程

卓晓波　主编

科学出版社

北京

内 容 简 介

本书以项目案例的形式介绍了 AutoCAD 2010 的基本知识。全书共 11 章，第 1 章为 AutoCAD 2010 概述，第 2～6 章介绍了基本图形的绘制和编辑、文本和表格的创建和编辑、图层和对象特性、尺寸的标注与管理，第 7 章介绍了三维绘图的基础知识，第 8 章介绍了块、外部参照和设计中心，第 9 章介绍了图形在模型空间和布局空间中的输出打印，第 10 章和第 11 章则以较典型的案例详细讲述了建筑平面图和机械零件图的绘制，加深入了读者对本书所讲知识的理解，培养了读者对 AutoCAD 综合应用的能力。

本书力求使读者以较高的效率来学习 AutoCAD，突出了该课程的专业性、规范性、实用性和可操作性。本书适合 AutoCAD 的初、中级读者阅读，可作为高职高专院校相关专业的教材，也可作为广大工程技术人员的自学用书和参考书。

图书在版编目（CIP）数据

AutoCAD 2010 基础案例教程/卓晓波主编. —北京：科学出版社，2011
（高职高专教育"十二五"规划教材）
ISBN 978-7-03-031158-0

Ⅰ. ①A… Ⅱ. ①卓… Ⅲ. ①AutoCAD 软件-高等职业教育-教材
Ⅳ. ①TP391.72

中国版本图书馆 CIP 数据核字（2011）第 095530 号

策划：姜天鹏 宋 芳
责任编辑：李 瑜 / 责任校对：柏连海
责任印制：吕春珉 / 封面设计：耕者工作室

科 学 出 版 社 出版
北京东黄城根北街 16 号
邮政编码：100717
http://www.sciencep.com

三河市铭浩彩色印装有限公司 印刷
科学出版社发行 各地新华书店经销
*

2011 年 8 月第 一 版 开本：787×1092 1/16
2019 年 1 月第九次印刷 印张：18
字数：412 000

定价：38.00 元
（如有印装质量问题，我社负责调换〈骏杰〉）
销售部电话：010-62140850 编辑部电话：010-62135763-2038

前　言

AutoCAD 是美国 Autodesk 公司开发的通用计算机辅助设计软件，具有功能强大、操作简单、易于掌握、体系结构开放等优点，使用它可极大提高绘图效率、缩短设计周期、提高图纸的质量。目前，掌握 AutoCAD 的绘图技巧已是工程技术人员从事行业工作的一项基本技能。

本书以 AutoCAD 绘制案例为载体，以项目为教材组织形式，接近工程实际，更好地符合了高职高专学生的学习特点，使学生能在较短的时间掌握 AutoCAD 的基本知识和技能，极大地提高学习效率。

本书从初学者的角度出发，依据工程制图对计算机绘图的基本要求，以案例形式介绍了 AutoCAD 2010 中文版的功能和应用技术，以及在工程制图中的使用方法。全书共 11 章，各章的主要内容如下。

第 1 章——介绍了 AutoCAD 的基础知识，主要包括 AutoCAD 2010 的操作界面，文件操作，命令的使用和精确绘图中对象的捕捉与追踪，绘图环境的设置与图形的显示控制。

第 2~3 章——介绍了平面制图的一些基本知识，包括基本图形的绘制和编辑等。

第 4 章——介绍了如何创建及编辑单行、多行文本和表格编辑。

第 5 章——介绍图层和对象的特性，详细介绍了样板图文件的建立过程。

第 6 章——介绍尺寸的标注与管理。

第 7 章——通过实例介绍了三维绘图的基础知识。

第 8 章——介绍了块、外部参照和设计中心，如块的创建、插入、属性块的设置，AutoCAD 设计中心的功能。

第 9 章——介绍了图形的输入和输出，特别是在模型空间和布局空间中图形的输出打印。

第 10 章——以建筑平面图的绘制来巩固前面章节所学的知识，加强了对 AutoCAD 综合应用能力的培养。

第 11 章——以一个机械零件图的绘制来巩固前面章节所学的知识，加强了对 AutoCAD 综合应用能力的培养。

本书章节安排合理，知识讲解深入浅出，以够用为原则，突出学习的可操作性，具有较宽的专业适应面。特别是每章中的项目案例，具有相关知识的典型性和代表性，既便于教师教学，又便于学生自学和较好掌握主要内容。

本书由四川建筑职业技术学院的老师集体完成，卓晓波担任主编，刘忠博士对全书进行了审定。本书编写分工为：王华编写第 1、4 章；陈湘编写第 2 章；曾学军编写第 3 章；李家太编写第 6 章；刘明编写第 7、8、10 章；卓晓波编写第 5、9、11 章。

由于时间仓促、水平有限，书中难免有疏漏和不足之处，恳请广大读者和专家批评指正。

编　者

2011 年 4 月

目　　录

第 *1* 章

AutoCAD 基础

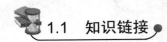 1.1 知识链接

1.1.1 AutoCAD 的概述

1. AutoCAD 的概述

AutoCAD 是由美国 Autodesk 公司开发的通用计算机辅助设计软件，也是目前世界上应用最广的计算机辅助设计软件。随着计算机科学技术的发展，AutoCAD 已经从原来的侧重于二维绘图技术为主，发展到现在的二维、三维绘图技术兼备，且具有网上设计的多功能 CAD 软件系统。AutoCAD 具有良好的用户界面，通过交互菜单或命令行方式便可以进行各种操作。它的多文档设计环境，让非计算机专业人员也能很快学会使用。

20 世纪 60~70 年代提出并发展了计算机图形学、交互技术、分层存储的数据结构等思想，为计算机辅助设计技术的发展和应用打下了理论基础。

20 世纪 80 年代，图形系统和 CAD / CAM 工作站的销售量迅速增加，在美国安装和使用的 CAD 系统达到 63 000 套。CAD / CAM 技术从大中型企业向小型企业扩展；从发达国家向发展中国家扩展；从用于产品设计发展到用于工程设计和工艺设计。

20 世纪 90 年代，由于微机加 Windows95 / 98 / NT 操作系统与工作站加 UNIX 操作系统在以太网的环境下构成了 CAD 系统的主流工作平台，所以现在的 CAD 技术和系统都具有良好的开放性，图形接口、图形功能日趋标准化。

21 世纪初是 CAD 软件重新洗牌、重新整合的阶段。近几年，CATIA、UG 等软件公司合并，AutoCAD 等软件在原来的二维绘图的基础上，逐渐完善，开发了三维功能。随着 Internet 技术的广泛应用，协同设计、虚拟制造等技术的发展，要求一个完善的 CAD 软件必须能够满足现代设计人员的各种要求，如 CAD 与 CAM 的集成、无缝连接及较强的装配、渲染、仿真、检测功能。

在 CAD 系统中，综合应用文本、图形、图像、语音等多媒体技术和人工智能、专家系统等技术极大地提高了自动化设计的程度，出现了智能 CAD 新学科。智能 CAD 把工程数据库及其管理系统、知识库及其专家系统、拟人化用户接口管理系统集于一体，形成了完美的 CAD 系统结构。

CAD 的三维模型有三种：线框、曲面和实体。早期的 CAD 系统往往分别对待以上三种模型。而当前的高级三维软件，例如 CATIA、UG、Pro/E 等则是将三者有机结合起来，形成一个整体，在建立产品几何模型时兼用线、面、体三种设计手段。其所有的几何造型享有公共的数据库，造型方法间可互相替换，而不需要进行数据交换。三维实体 CAD 技术的代表软件有 CATIA、Pro/Engineer、UG、SolidWorks、CAXA 等。

2. AutoCAD 的启动与退出

和所有窗口应用程序一样，AutoCAD 的启动可以通过"开始"菜单、桌面 AutoCAD

快捷方式、AutoCAD 文档等方式来启动。退出可按 Alt+F4 组合键。

1.1.2 AutoCAD 的用户界面

启动 AutoCAD 2010 应用程序后，进入 AutoCAD 2010 的工作界面，窗口各部分分布如图 1-1 所示。该屏幕界面主要由标题栏、菜单栏、工具栏、文本窗口与命令行、绘图窗口和状态栏几部分组成。

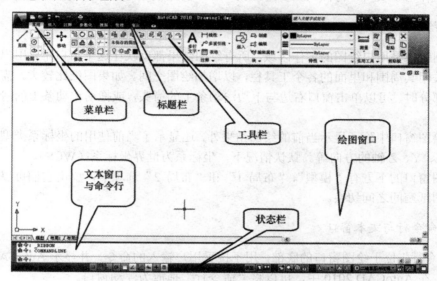

图 1-1 AutoCAD 2010 窗口界面

1. 标题栏

标题栏位于应用程序窗口的最上面，用于显示当前正在运行的程序名及文件名等信息，如果是 AutoCAD 默认的图形文件，其名称为 DrawingN.dwg（N=1，2，3，…，表示第 N 个默认图形文件）。单击标题栏右端的 - ⯑ × 按钮，可以最小化、最大化或关闭程序窗口。标题栏最左边是软件的小图标，单击它会弹出一个 AutoCAD 窗口控制下拉菜单，可以对 AutoCAD 窗口进行还原、移动、大小、最小化、最大化和关闭等操作。

2. 菜单栏

在"二维草图模式下"，AutoCAD 2010 中文版的菜单只看到"文件"，其中包括 AutoCAD 的文件操作命令。

3. 快捷菜单

快捷菜单又称为上下文关联菜单、弹出菜单。在绘图区域、工具栏、状态栏、模型与布局选项卡及一些对话框上右击时将弹出一个快捷菜单，该菜单中的命令与 AutoCAD 当前状态相关。使用它们可以在不必启用菜单栏的情况下，快速、高效地完成某些操作。

4. 工具栏

工具栏是应用程序调用命令的另一种方式，它包含许多由图标表示的命令按钮。在 AutoCAD 中，系统提供了 30 个已命名的工具栏。默认情况下，"绘图"、"修改"、"图层"、"注释"、"块"、"特性"、"实用工具"和"剪贴板"等工具栏处于打开状态。

5. 绘图窗口

绘图窗口是用户绘图的工作区域，所有绘图结果都反映在这个窗口中。用户可以根据需要关闭其周围和里面的各个工具栏，以增加绘图空间。如果图纸比较大，需要查看未显示部分时，可以单击窗口右边与下边滚动条上的箭头，或拖动滚动条上的滑块来移动图纸。

在绘图窗口中除了显示当前的绘图结果外，还显示了当前使用的坐标系类型及坐标原点，X、Y、Z 轴的方向等。默认情况下，坐标系为世界坐标系（WCS）。

绘图窗口的下方有"模型"、"布局 1"和"布局 2"选项卡，单击它们可以在模型空间或图纸空间之间切换。

6. 命令行与文本窗口

"命令行"位于绘图窗口的底部，用于接受用户输入的命令，并显示 AutoCAD 的提示信息。在 AutoCAD 2010 中，可以将"命令行"拖放为浮动窗口。

"文本窗口"是记录 AutoCAD 命令的窗口，是放大的"命令行"窗口，它记录了用户已执行的命令，也可以用来输入新命令。在 AutoCAD 2010 中，用户可以执行"视图"|"显示"|"文本窗口"命令、执行 TEXTSCR 命令或按 F2 键来打开它。

7. 状态栏

状态栏用来显示 AutoCAD 的当前状态，如当前的坐标、命令和功能按钮的帮助说明等。

1.1.3 AutoCAD 的文件操作

1. 新建图形文件

执行方式如下。

1）下拉菜单：单击▲按钮，选择"新建"选项。

2）命令行：qnew / new。

3）工具栏：单击█按钮。

新建图形文件时，要选择图形文件样板，如图 1-2 所示。

图 1-2　"选择样板"对话框

2. 保存图形文件

执行方式如下。

1）下拉菜单：单击■按钮，选择"保存"选项。

2）命令行：qsave。

3）工具栏：单击■按钮。

4）菜单命令：执行"文件"|"另存为"命令

5）命令行：saveas。

保存文件，主要确定保存位置和文件名称。如图 1-4 所示。

3. 关闭图形文件

执行方式如下。

1）下拉菜单：单击■按钮，选择"关闭"选项，如图 1-3 所示。

2）命令行：close。

3）文件窗口按钮：■□×。

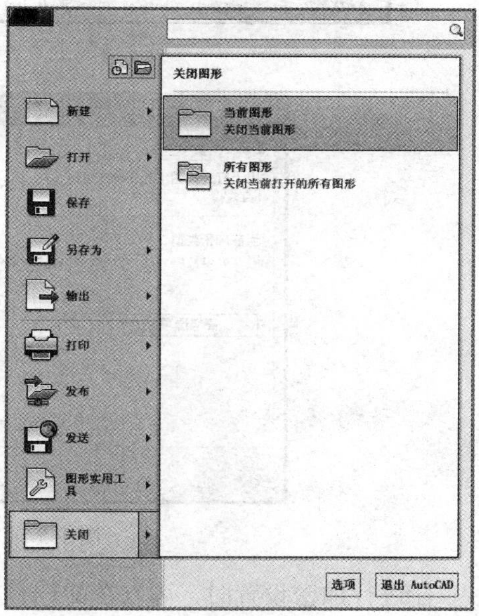

图 1-3　关闭图形文件

4. 加密保护绘图数据

在 AutoCAD 2010 中，保存文件时可以使用密码保护功能，对文件进行加密保存。

单击■按钮，选择"保存"或"另存为"命令时，将打开"图形另存为"对话框，如图 1-4 所示。在该对话框中执行"工具"|"安全选项…"命令，将打开"安全选项"对话框，如图 1-5 所示。在"密码"选项卡中，可以在"用于打开此图形的密码或短语"文本框中输入密码，然后单击"确定"按钮，打开"确认密码"对话框，并在"再次输

入用于打开此图形的密码"文本框中输入确认密码。

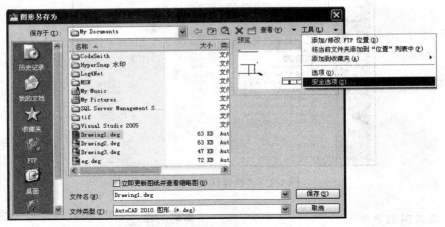

图 1-4 "图形另存为"对话框

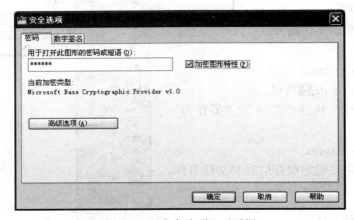

图 1-5 "安全选项"对话框

在进行加密设置时，可以在此选择 40 位、128 位等多种加密长度。可在"密码"选项卡中单击"高级选项"按钮，在打开的"高级选项"对话框中进行设置。为文件设置密码后，在打开文件时系统将弹出"密码"对话框，要求输入正确的密码，否则将无法打开该图形文件，这对于需要保密的图纸非常重要。

5. 打开图形文件

执行方式如下。

1）下拉菜单：单击▲按钮，选择"打开"选项。

2）命令行：open。

3）工具栏：单击▶按钮。

执行以上操作后即可打开"选择文件"对话框，如图 1-6 所示。

图 1-6　"选择文件"对话框

1.1.4　使用命令与系统变量

1. 使用鼠标操作执行命令

在绘图窗口，光标通常显示为"十"字线形式。当光标移至菜单选项、工具栏或对话框内时，会变成一个箭头。无论光标是"十"字线形式还是箭头形式，当单击或者按鼠标键时，都会执行相应的命令或动作。在 AutoCAD 中，鼠标键是按照下述规则定义的。

拾取键：通常指鼠标左键，用于指定屏幕上的点，也可以用来选择 Windows 对象、AutoCAD 对象、工具栏按钮和菜单命令等。

回车键：指鼠标右键，相当于 Enter 键，用于结束当前使用的命令，此时系统将根据当前绘图状态弹出不同的快捷菜单。

弹出菜单：当使用 Shift 键和鼠标右键的组合时，将弹出一个快捷菜单，用于设置捕捉点。

2. 使用键盘输入命令

在 AutoCAD 中，大部分的绘图、编辑功能都需要通过键盘输入来完成，此方法可以输入命令、系统变量。另外，键盘还是输入文本对象、数值参数、点的坐标或进行参数选择的唯一方法。

3. 使用"命令行"

在 AutoCAD 中，默认情况下"命令行"是一个可固定的窗口，可以在当前命令行提示下输入命令、对象参数等内容。对大多数命令，"命令行"中可以显示执行完的两条命令提示（也叫命令历史）。而对于一些输出命令，例如 TIME、LIST，需要在放大的"命令行"或"AutoCAD 文本"窗口中显示。

在"命令行"窗口中右击，将弹出一个快捷菜单，如图 1-7

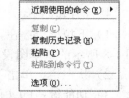

图 1-7　命令行快捷菜单

所示。通过它可以选择最近使用过的六个命令，例如复制选定的文字或全部命令历史，粘贴文字，以及打开"选项"对话框。

4. 使用"AutoCAD 文本"窗口

使用 AutoCAD 绘图时，有时需要切换到文本窗口，以观看相关的文字信息；而有时当执行某一命令后，AutoCAD 会自动切换到文本窗口，此时又需要再转换到绘图窗口。利用功能键 F2 可实现上述切换。此外，利用 TEXTSCR 命令和 GRAPHSCR 命令也可以分别实现绘图窗口向文本窗口切换以及文本窗口向绘图窗口切换。

5. 使用系统变量

可以通过 AutoCAD 的系统变量控制 AutoCAD 的某些功能和工作环境。AutoCAD 的每一个系统变量有其对应的数据类型，例如整数、实数、字符串和开关类型等。其中，开关类型变量有 On（开）或 Off（关）两个值，这两个值也可以分别用 1、0 表示。用户可以根据需要浏览、更改系统变量的值（如果允许更改的话）。其方法通常是在命令窗口中的"命令："提示后输入系统变量的名称，按 Enter 键或 Space 键，AutoCAD 显示出系统变量的当前值，此时可根据需要输入新值（如果允许设置新值的话）。

6. 命令的重复、撤销与重做

1）按 Enter 键或按 Space 键，执行当前操作。

2）使光标位于绘图窗口，右击，弹出快捷菜单，并在菜单的第一行显示出重复执行上一次所执行的命令，选择此命令即可重复执行对应的命令。

在命令的执行过程中，可以通过按 Esc 键；或右击，从弹出的快捷菜单中执行"取消"命令的方式，终止 AutoCAD 命令的执行。

3）右击，在弹出的快捷菜单中有"重复"、"撤销"（Ctrl+Z 和 U）与"重做"（Ctrl+Y）命令。

1.1.5 精确绘图功能

1. 捕捉模式

为了准确地在屏幕上捕捉点，AutoCAD 提供了捕捉工具，可以在屏幕上生成一个隐含的栅格（捕捉栅格）。这个栅格能够捕捉光标，约束它只能落在栅格的某一个节点上，使用户能够高精确度地捕捉和选择这个栅格上的点。

执行方式如下。

1）下拉菜单：在 AutoCAD 经典模式下执行"工具"|"草图设置"命令，打开如图 1-8 所示的"草图设置"对话框。

2）状态栏：单击"捕捉模式"按钮▦（仅限于打开与关闭）。

3）功能键：F9（仅限于打开与关闭）。

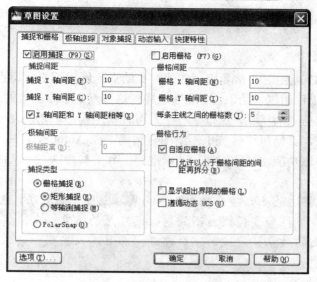

图 1-8 "草图设置"对话框

4）快捷菜单：将光标置于"捕捉模式"按钮 上，右击，在弹出的快捷菜单上执行"设置"命令。

2. 栅格模式

用户可以应用显示栅格工具使绘图区域上出现可见的网格，它是一个形象的画图工具，就像传统的坐标纸一样。

执行方式如下。

1）下拉菜单：在 AutoCAD 经典模式下执行菜单"工具" | "草图设置"命令，打开如图 1-8 所示的"草图设置"对话框。

2）状态栏：单击"栅格模式"按钮 （仅限于打开与关闭）。

3）功能键：F7（仅限于打开与关闭）。

4）快捷菜单：将光标置于"栅格"按钮 上，右击，在弹出的快捷菜单上执行"设置"命令。

3. 正交模式

在用 AutoCAD 绘图的过程中，经常需要绘制水平直线和垂直直线。但是，用鼠标拾取线段的端点时，很难保证两个点严格沿着水平或垂直方向移动，为此，AutoCAD 提供了"正交"功能。当启用正交模式，画线或移动对象时只能沿水平方向或垂直方向移动光标，因此只能画平行于坐标轴的正交线段。

执行方式如下。

1）命令行：ortho。

2）状态栏：单击"正交模式"按钮 （仅限于打开与关闭）。

3）功能键：F8（仅限于打开与关闭）。

4. 对象捕捉

利用 AutoCAD 画图时经常要用到一些特殊的点，例如圆心、切点、线段或圆弧的端点、中点等，如果仅用鼠标拾取，要准确地找到这些点是十分困难的。为此，AutoCAD 提供了一些识别这些点的工具，通过这些工具可轻松地构造出新的几何体，使创建的对象被精确地画出来，其结果比传统手工绘图更精确。在 AutoCAD 中，这种功能称为对象捕捉功能。利用该功能，可以迅速、准确地捕捉到某些特殊点，从而迅速、准确地绘制出图形。

注意：此处描述的多数对象捕捉只影响屏幕上可见的对象，包括锁定的图层上的对象、布局视口边界和多段线。不能捕捉不可见的对象，如未显示的对象、已关闭或冻结的图层上的对象、虚线的空白部分。而且，仅当提示输入点时，对象捕捉才生效。

（1）设置对象捕捉

执行方式如下。

1）下拉菜单：在 AutoCAD 经典模式下执行"工具"|"草图设置"命令，打开如图 1-9 所示的"草图设置"对话框。

2）命令行：ddosnap / dsettings。

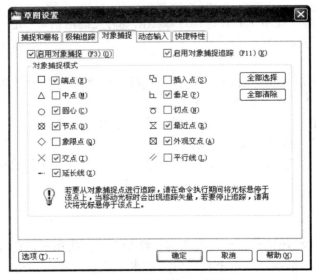

图 1-9　"对象捕捉"选项卡

3）状态栏：单击"对象捕捉"按钮（仅限于打开与关闭）。

4）功能键：F3（仅限于打开与关闭）。

5）快捷菜单：将光标置于"对象捕捉"按钮上，右击，在弹出的快捷菜单上执行"设置"命令。

（2）对象捕捉的方法和模式

AutoCAD 提供了三种执行对象捕捉的方法。

1）利用命令实现对象捕捉。

2）利用工具栏实现对象捕捉。

3）利用快捷菜单实现对象捕捉。

对象捕捉的模式及其功能与工具栏图标及快捷菜单命令相对应，下面将对捕捉模式进行介绍。

对象捕捉模式中列出了可以在执行对象捕捉时打开的对象捕捉模式。

● 端点：捕捉到圆弧、椭圆弧、直线、多行、多段线线段、样条曲线、面域或射线最近的端点，或捕捉宽线、实体或三维面域的最近角点。

● 中点：捕捉到圆弧、椭圆、椭圆弧、直线、多行、多段线线段、面域、实体、样条曲线或参照线的中点。

● 中心：捕捉到圆弧、圆、椭圆或椭圆弧的中心。

● 节点：捕捉到点对象、标注定义点或标注文字原点。

● 象限：捕捉到圆弧、圆、椭圆或椭圆弧的象限点。

● 交点：捕捉到圆弧、圆、椭圆、椭圆弧、直线、多行、多段线、射线、面域、样条曲线或参照线的交点。"延伸交点"不能用作执行对象捕捉模式。

> ⌂注意："交点"和"延伸交点"不能和三维实体的边或角点一起使用。

● 延伸：当光标经过对象的端点时，显示临时延长线或圆弧，以便用户在延长线或圆弧上指定点。

> ⌂注意：在透视视图中进行操作时，不能沿圆弧或椭圆弧的延伸线进行追踪。

● 插入点：捕捉到属性、块、形或文字的插入点。

● 垂足：捕捉圆弧、圆、椭圆、椭圆弧、直线、多线、多段线、射线、面域、实体、样条曲线或构造线的垂足。

当正在绘制的对象需要捕捉多个垂足时，将自动打开"递延垂足"捕捉模式。可以用直线、圆弧、圆、多段线、射线、参照线、多行或三维实体的边作为绘制垂直线的基础对象。可以用"递延垂足"在这些对象之间绘制垂直线。当使框经过"递延垂足"捕捉点时，将显示 AutoSnap 工具提示和标记。

● 切点：捕捉到圆弧、圆、椭圆、椭圆弧或样条曲线的切点。当正在绘制的对象需要捕捉多个垂足时，将自动打开"递延垂足"捕捉模式。可以使用"递延切点"来绘制与圆弧、多段线圆弧或圆相切的直线或构造线。当使框经过"递延切点"捕捉点时，将显示标记和 AutoSnap 工具提示。

> ⌂注意：当用"自"选项结合"切点"捕捉模式来绘制除开始于圆弧或圆的直线以外的对象时，第一个绘制的点是与在绘图区域最后选定的点相关的圆弧或圆的切点。

● 最近点：捕捉到圆弧、圆、椭圆、椭圆弧、直线、多行、点、多段线、射线、样条曲线或参照线的最近点。

● 外观交点：捕捉不在同一平面但在当前视图中看起来可能相交的两个对象的视觉

交点。"延伸外观交点"不能用作执行对象捕捉模式。

> 注意："外观交点"和"延伸外观交点"不能和三维实体的边或角点一起使用。

● 平行：将直线段、多段线线段、射线或构造线，限制为与其他线性对象平行。指定线性对象的第一点后，应指定平行对象捕捉。与在其他对象捕捉模式中不同，用户可以将光标和悬停移至其他线性对象，直到获得角度。然后，将光标移回正在创建的对象。如果对象的路径与上一个线性对象平行，则会显示对齐路径，用户可将其用于创建平行对象。

> 注意：使用平行对象捕捉前，应关闭 ORTHO 模式。在平行对象捕捉操作期间，会自动关闭对象捕捉追踪和 PolarSnap。使用平行对象捕捉前，必须指定线性对象的第一点。

5．极轴追踪与对象捕捉追踪

在 AutoCAD 中，自动追踪功能是一个非常有用的辅助绘图工具，使用它可按指定角度绘制对象，或者绘制与其他对象有特定关系的对象。自动追踪功能可分为极轴追踪和对象捕捉追踪两种。

极轴追踪是指按事先给定的角度增量来追踪特征点；而对象捕捉追踪则按与对象的某种特定关系来追踪，这种特定的关系确定了一个用户事先并不知道的角度。也就是说，如果事先知道要追踪的方向（角度），则使用极轴追踪；如果事先不知道具体的追踪方向（角度），但知道与其他对象的某种关系（如相交），则用对象捕捉追踪。极轴追踪和对象捕捉追踪可以同时使用。

> 注意：对象追踪必须与对象捕捉同时工作，也就是在追踪对象捕捉到点之前，必须先打开对象捕捉功能。

（1）极轴追踪设置

极轴追踪功能可以在系统要求指定一个点时，按预先设置的角度增量显示一条无限延伸的辅助线（这是一条虚线），这时就可以沿辅助线追踪得到光标点。

（2）对象捕捉追踪设置

可以沿指定方向（称为对齐路径）按指定角度或与其他对象的指定关系绘制对象。

要对极轴追踪和对象捕捉追踪进行设置，可在"草图设置"对话框的"极轴追踪"选项卡中进行。

> 注意：打开正交模式，光标将被限制沿水平或垂直方向移动。因此，正交模式和极轴追踪模式不能同时打开，若一个打开，另一个将自动关闭。

6．动态输入

"动态输入"在光标附近提供了一个命令界面，以帮助用户专注于绘图区域。

启用"动态输入"时，工具栏提示将在光标附近显示信息，该信息会随着光标的移动而动态更新。当某条命令为活动时，工具栏提示将为用户提供输入的位置。

完成命令或使用夹点所需的动作与命令行中的动作类似。区别是用户的注意力可以保持在光标附近。动态输入不会取代命令窗口，可以隐藏命令窗口以增加绘图屏幕区域，但是在有些操作中还是需要显示命令窗口。按 F2 键可根据需要隐藏和显示命令提示和错误消息。另外，也可以浮动命令窗口，并使用"自动隐藏"功能来展开或卷起该窗口。

> **注意**：透视图不支持"动态输入"。

执行方式如下。

1）下拉菜单：执行"工具"|"草图设置"命令。

2）命令行：dsettings。

3）状态栏：单击"DYN（动态输入）"按钮▣（仅限于打开与关闭）。

4）功能键：F12（仅限于打开与关闭）。

5）快捷菜单：将光标置于"DYN（动态输入）"按钮▣上，右击，在弹出的快捷菜单中执行"设置"命令。

1.1.6 设置绘图环境

1. 设置参数选项

系统默认的绘图窗口颜色为黑色，命令行的字体为"Courier"。用户可以根据自己的喜好将窗口颜色和命令行的字体进行重新设置，调整窗口颜色的操作步骤如下。

1）在 AutoCAD 经典模式下执行"工具"|"选项"命令，或者在绘图窗口右击，在弹出的快捷菜单中执行"选项"命令，打开"选项"对话框，如图 1-10 所示。

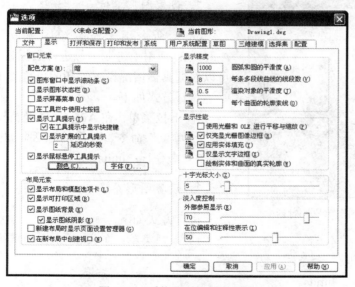

图 1-10　系统选项设置对话框

2）单击"显示"选项卡中的"颜色"按钮，打开"图形窗口颜色"对话框，如图 1-11 所示。

3）在"界面元素"列表中选择"统一背景"选项。

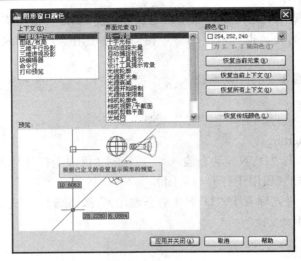

图 1-11 "图形窗口颜色"对话框

4）在"颜色"下拉列表框中单击，弹出颜色列表。

5）在列表中选择需要的颜色。

6）单击"应用并关闭"按钮返回"选项"对话框。

7）单击"确定"按钮确认所设置的背景颜色。

图 1-12 "图形单位"对话框

2．设置图形单位

units 命令用于设置绘图单位。默认情况下 AutoCAD 使用十进制单位进行数据显示或数据输入，可以根据具体情况设置绘图的单位类型和数据精度。

执行方式如下。

1）下拉菜单：在 AutoCAD 经典模式下执行"格式"|"单位"命令，弹出的对话框如图 1-12 所示。

2）命令行：units。

3．设置图形界限

执行方式如下。

1）下拉菜单：在 AutoCAD 经典模式下执行"格式"|"图形界限"命令。

2）命令行：limits。

绘图边界即为设置图形绘制完成后输出的图纸大小。常用图纸规格有 A4～A0，一般称为 0～4 号图纸。绘图界限的设置应与选定图纸的大小相对应。在模型空间中，绘图极限用来规定一个范围，使所建立的模型始终处于这一范围内，避免在绘图时出错。利用 limits 命令可以定义绘图边界，相当于手工绘图时确定图纸的大小。绘图界限是代表绘图极限范围的两个二维点的 WCS 坐标，这两个二维点分别是绘图范围的左下角和右上角，它们确定的矩形就是当前定义的绘图范围，在 Z 方向上没有绘图极限限制。

⚠注意：在设定图形界限时必须选择<ON>命令，取消设定图形界限时必须选择<OFF>命令。

　　4．设置工作空间

　　若要打开AutoCAD时直接进入AutoCAD经典模式，还需要做如下两项设置。

　　1）输入命令 CUI 之后，在自定义中的工作空间里右键单击"AutoCAD 经典"，选择默认设定。确定后退出。

　　2）单击 AutoCAD 窗口底部 按钮右侧的倒三角，弹出下拉列表框。单击选项将弹出图 1-13 所示的对话框，在其中可以设置工作空间。

图 1-13　"工作空间设置"对话框

1.1.7　使用坐标系

1．认识世界坐标系与用户坐标系

AutoCAD 图形中各点的位置都是由坐标系来确定的。在 AutoCAD 中，有两种坐标系：一个是称为世界坐标系（WCS）的固定坐标系，另一个是称为用户坐标系（UCS）的可移动坐标系，如图 1-14 所示。在 WCS 中，X 轴是水平的，Y 轴是垂直的，Z 轴垂直于 XY 平面，符合右手法则，该坐标系存在于任何一个图形中且不可更改。

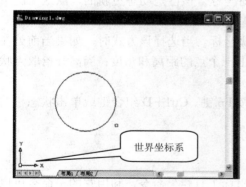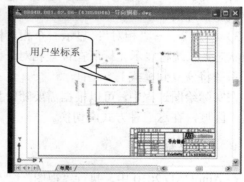

图 1-14　世界坐标系（WCS）和用户坐标系（UCS）

　　在 AutoCAD 中，为了能够更好地辅助绘图，经常需要修改坐标系的原点和方向。这时，世界坐标系将变为用户坐标系，即 UCS。UCS 的原点以及 X 轴、Y 轴、Z 轴方向都可以移动及旋转，甚至可以依赖于图形中某个特定的对象。尽管用户坐标系中的三个轴之间仍然互相垂直，但是在方向及位置上却更灵活。另外，UCS 没有"口"形标记。

　　要设置 UCS，可执行"工具"菜单中的"命名 UCS"、"正交 UCS"、"移动 UCS"和"新建 UCS"命令及其子命令，或执行"UCS"命令。

2. 坐标的表示方法

在 AutoCAD 2010 中，点的坐标可以使用绝对直角坐标、绝对极坐标、相对直角坐标和相对极坐标四种方法表示。它们的特点如下所述。

1）绝对直角坐标：是从点（0，0）或（0，0，0）出发的位移，可以使用分数、小数或科学记数等形式表示点的 X 轴、Y 轴、Z 轴坐标值。坐标间用逗号隔开，例如点（8.3，5，8）和点（3.0，5.2，8.8）等。

2）绝对极坐标：是从点（0，0）或（0，0，0）出发的位移，但给定的是距离和角度。其中距离和角度用"＜"分开，且规定 X 轴正向为 0°，Y 轴正向为 90°。例如点（4.27＜60）、点（34＜30）等。

3）相对直角坐标：是指相对于某一点的 X 轴和 Y 轴的位移，或距离和角度。它的表示方法是在绝对坐标表达方式前加"@"号。例如（@-13，8）和（@11＜24）。

4）相对极坐标：它的角度是新点和上一点连线与 X 轴的夹角。

3. 控制坐标的显示

在绘图窗口中移动光标的十字指针时，状态栏上将动态地显示当前指针的坐标。在 AutoCAD 2010 中，坐标显示取决于所选择的模式和程序中运行的命令，它共有三种方式。

1）模式 0——"关"：显示上一个拾取点的绝对坐标，此时，指针坐标将不能动态更新，只有在拾取一个新点时，显示才会更新。但是从键盘输入一个新点坐标时，不会改变显示方式。

2）模式 1——"绝对"：显示光标的绝对坐标，该值是动态更新的，默认情况下显示方式是打开的。

3）模式 2——"相对"：显示一个相对极坐标。当选择该方式时，如果当前处在拾取点状态，系统将展示光标所在位置相对于上一个点的距离和角度；当离开拾取点状态时，系统将恢复到模式 1。

在实际绘图过程中，可以根据需要随时按 F6 键、Ctrl＋D 组合键或单击状态栏的坐标显示区域，在这三种方式间切换。

4. 创建坐标系

在 AutoCAD 2010 中，执行"视图"|"坐标工具栏"命令，利用它的子命令可以方便地创建 UCS，如图 1-15 所示，包括世界和对象等。其意义如下。

图 1-15 坐标系

1）"世界"命令：从当前的用户坐标系恢复到世界坐标系。WCS 是所有用户坐标系的标准，不能被重新定义。

2）"对像"命令：根据选取的对像，快速简单地建立 UCS，使对象位于新的 XY 平面，其中 X 轴和 Y 轴的方向取决于选择的对象类型。该选项不能用于三维实体、三维多段线、三维网格、视目、多线，面城、样条曲线、椭圆、射线、参照线、引线和多行文字等对象。

5. 使用正交用户坐标系

单击"视图"、"坐标"右边的按钮 ，可以从弹出的对话框中选择"正交 UCS"。还可以选择如俯视、仰视、左视、右视、主视和后视等。从"当前 UCS：未命名"列表中选择需要使用的正交坐标系，如图 1-16 所示。

6. 命名用户坐标系

单击"视图"、"坐标"右边的按钮 ，打开"UCS"对话框，如图 1-17 所示。单击"命名 UCS"标签打开其选项卡。在"当前 UCS：未命名"列表中选中"世界"、"上一个"或某个 UCS，然后单击"置为当前"按钮，可将其置为当前坐标系。这时，在该 UCS 前面将显示""标记。也可以单击"详细信息"按钮，在弹出的"UCS 详细信息"对话框中查看坐标系的详细信息，如图 1-18 所示。

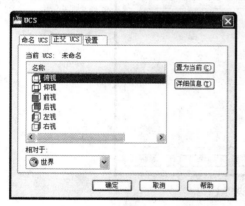

图 1-16 "正交 UCS"选项卡   图 1-17 命名 UCS

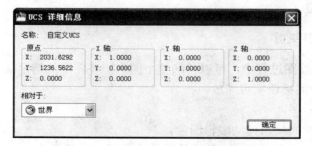

图 1-18 "UCS 详细信息"对话框

此外，在当前 UCS 列表中的坐标系选项上右击，将弹出一个快捷菜单，可以重命名坐标系、删除坐标系和将坐标系设为当前坐标系。

7. 设置 UCS 的其他选项

在 AutoCAD 2010 中，可以通过执行"视图"|"显示"|"UCS 图标"子菜单中的命令控制坐标系图标的可见性及显示方式。

1）"视图"|"显示"|"UCS 图标"|"开"命令：执行该命令可以在当前视口中打开 UCS 图符显示，取消该命令则可在当前视口中关闭 UCS 图符显示。

2）"视图"|"显示"|"UCS 图标"|"原点"命令：执行该命令可以在当前坐标系的原点处显示 UCS 图符；取消该命令则可以在视口的左下角显示 UCS 图符，而不考虑当前坐标系的原点，

3）"视图"|"显示"|"UCS 图标"|"特性"命令：执行该命令可打开"UCS 图标"对话框，从中可以设置 UCS 图标样式、大小、颜色及布局选项卡中的图标颜色。

此外，在 AutoCAD 2010 中，还可以使用 UCS 对话框中的"设置"选项卡，如图 1-19 所示，对 UCS 图标或 UCS 进行设置。

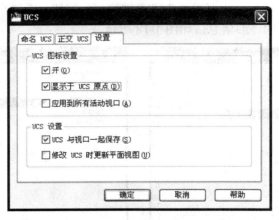

图 1-19　设置 UCS

1.1.8　控制图形显示

1. 缩放和平移视图

在 AutoCAD 绘图过程中，可以移动整个图形，使图形的特定部分位于显示屏幕；也可以滚动鼠标中间按钮实现缩放。

执行方式如下。

1）用鼠标的中间按钮拖动编辑图像。

2）快捷菜单：右击，在弹出的快捷菜单中执行"平移"命令。

2. 使用命名视图

用户可以在一张工程图纸上创建多个视图，当要观察、修改图纸上的某一部分视图时，将该视图恢复出来即可。

要命名视图则执行"视图"|"命名视图"命令（VIEW），或在"视图"工具栏中单击"命名视图"按钮，打开"视图管理器"对话框，如图1-20所示。

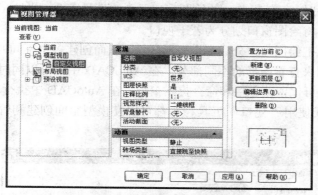

图 1-20   "视图管理器"对话框

在"视图管理器"对话框中，可以创建、设置、重命名以及删除命名视图。其中，"当前视图"选项后显示了当时视图的名称。

1）"置为当前"按钮：将选中的命名视图设置为当前视图。

2）"新建"按钮：创建新的命名视图。单击该按钮，打开"新建视图/快照特性"对话框，如图1-21所示。可以在"视图名称"文本框中设置视图名称；在"视图类别"下拉列表框中为命名视图选择或输入一个类别；在"边界"选项组中通过选中"当前显示"或"定义窗口"单选按钮来创建视图的边界区域；在"设置"选项组中，可以设置是否"将图层快照与视图一起保存"和"UCS与视图一起保存"。并可以通过"UCS"名称下拉列表框设置命名视图的UCS。

3）"更新图层"按钮：单击该按钮，可以使用选中的命名视图中保存的图层信息更新当前模型空间或布局视图中的图形信息。

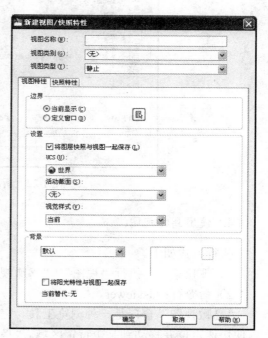

图 1-21   "新建视图/快照特性"对话框

4）"编辑边界"按钮：单击该按钮，切换到绘图窗口中，可以重新定义视图的边界。

5）"详细信息"按钮：单击该按钮，打开"视图详细信息"对话框，此时将显示指定命名视图的详细信息。

6）"删除"按钮：单击该按钮，可以删除选中的命名视图。

3. 使用平铺视口

在绘图时，为了方便编辑，常需要将图形的局部进行放大，以显示细节。当需要观察图形的整体效果时，仅使用单一的绘图视口已无法满足需要。此时，可使用 AutoCAD 的平铺视口功能，将绘图窗口划分为若干视口。

平铺视口是指把绘图窗口分成多个矩形区域，从而创建多个不同的绘图区域，其中每一个区域都可用来查看图形的不同部分。在 AutoCAD 中，可以同时打开多达 32 000 个视口。屏幕上还可保留菜单栏和命令提示窗口。在 AutoCAD 中执行"视图"|"视口"子菜单中的命令或使用"视口"工具栏，都可以在模型空间创建和管理平铺视口，如图 1-22 所示。

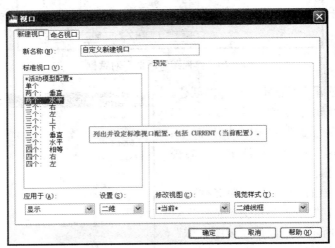

图 1-22　新建和管理视口

4. 使用鸟瞰视图

执行方式如下。

1）下拉菜单：执行"视图"|"鸟瞰视图"命令。

2）命令行：dsviewer。

"鸟瞰视图"窗口是一种浏览工具。它在一个独立的窗口中显示整个图形的视图，以便快速定位并移动到某个特定区域。"鸟瞰视图"窗口打开时，不需要选择菜单选项或输入命令，就可以进行缩放和平移。

执行实时缩放和实时移动操作的步骤如下。

1）在"鸟瞰视图"窗口中单击，则在该窗口中显示一个平移框（即矩形框）。表明当前是平移模式。拖动该平移框，就可以使图形实时移动。

　　2）当窗口中出现平移框后，单击，平移框左边出现一个小箭头，此时为缩放模式。拖动鼠标就可以实现图形的实时缩放，同时会改变框的大小。

　　3）在窗口中再次单击，则又切换回平移模式。

　　利用上述方法，可以实现实时平移与实时缩放的切换。

　　5．使用 ShowMotion

　　在 AutoCAD 2010 中，可以通过创建视图的快照来观察图形。单击"菜单浏览器"按钮，在弹出的菜单中执行"视图"|"ShowMotion"命令，或在状态栏中单击"ShowMotion"按钮，都可以打开"ShowMotion"面板，如图 1-23 所示。

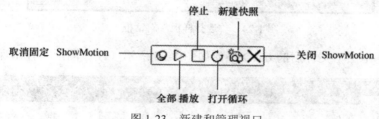

图 1-23　新建和管理视口

1.2　项目要求和分析

　　1．项目要求

　　1）创建绘图环境。
　　2）准确实现对象捕捉。
　　3）图形的缩放与平移。

　　2．项目分析

　　第一次使用 AutoCAD，在进行绘图之前要做什么，从哪一步开始，对图形文件有哪些经常用到的操作。

1.3　项目实施

　　步骤 1：创建绘图环境

　　1．新建图形文件

　　1）在工具栏中单击███按钮，或单击███按钮，选择"新建"选项。
　　2）打开"选择样板"对话框，在该对话框中选择一个样板，如图 1-24 所示。

图 1-24 "选择样板"对话框

3）新建一个图形文件后的 CAD 界面如图 1-25 所示（注：图形文件未保存）。

图 1-25 新建图形文件后的 CAD 界面

2. 简单绘制一个圆

1）单击"常用"工具栏中命令按钮 ⊙，然后用鼠标在绘图区域中指定绘制圆的圆心，即在绘图区域中某个位置单击一下，效果如图 1-26 所示。

2）指定圆的半径，完成圆的绘制。移动鼠标，看到圆的大小合适时再单击一下即可，如图 1-27 所示。

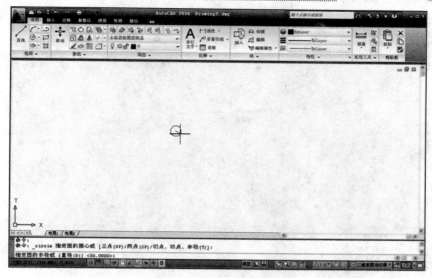

图 1-26 指定圆心

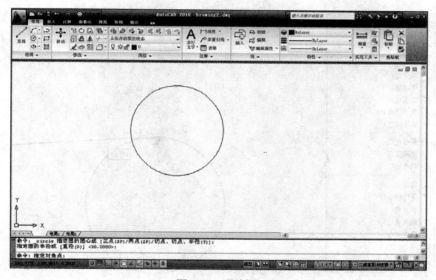

图 1-27 绘制圆

◁᳁小技巧：此时可以直接从键盘输入圆的半径，如半径为 200，即可完成圆的绘制。

步骤 2：准确实现对象捕捉

1）绘制圆的切线。单击"常用"工具栏中命令按钮 ✐，在圆外任意指定点，如图 1-28 所示。

2）按住 Ctrl 键，右击，弹出快捷菜单，如图 1-29 所示。

3）在该快捷菜单中执行"切点"命令，然后将鼠标移至圆的边上，会看到切点的位置，如图 1-30 所示。

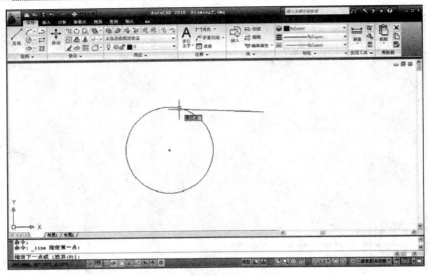

图 1-28　绘制圆切线

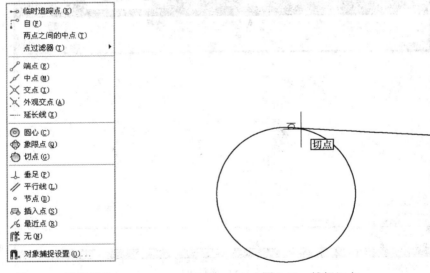

图 1-29　捕捉菜单　　　　　　　　　图 1-30　捕捉切点

4）将鼠标移到切点上单击，完成切点捕捉，实现圆切线的绘制。如图 1-31 所示。

步骤 3：图形的缩放与平移

1）按鼠标中间键前后滚动，实现图形的放大和缩小，如图 1-32 所示。

2）按鼠标中间键移动鼠标，可实现图形的平移。可以将图形的关键部分移到窗口中间，进行相应的处理，如图 1-33 所示。

◁**小技巧**：实现图形的平移，也可以单击"视图"工具栏中"导航"下的"平移"按钮实现平移功能。

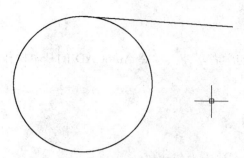

图 1-31 绘制切线

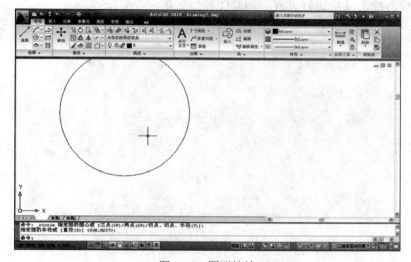

图 1-32 图形缩放

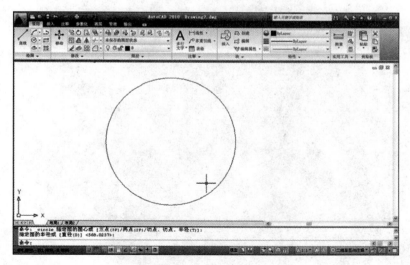

图 1-33 图形平移

1.4 项目总结

本项目主要是针对初学者，使其掌握 AutoCAD 的基本操作，为下一步实现基本的绘图操作打下基础。

1.5 思考与练习

1. 怎样实现圆心、直线中点的捕捉？
2. 怎样对绘图环境进行设置？如绘图参数、单位、界限等。

第2章

二维图形的绘制

设计中的主要工作往往都是围绕几何图形展开的，因而熟练绘制平面图形至关重要。平面图形大多由线段、圆、弧等基本图形元素组成。AutoCAD 2010 提供了强大的二维图形绘制命令，如 line、circle 等，再加上 offset、trim 等编辑命令，可以更轻松、便捷地完成绘图和编辑工作。

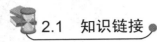

2.1 知识链接

使用 AutoCAD 绘制二维图形时的常用命令可分为点、线、弧、多边形等类，下面将对这些命令进行详细阐述，并通过实例绘制介绍这些命令的具体用法。

2.1.1 线的绘制

线是 AutoCAD 中最常用的绘图命令之一，可分为直线、射线、多段线、构造线、样条曲线、多线等。

1. 直线

直线是 AutoCAD 中最简单、最常见的对象，是有起点和终点的有限长度的线段。一个直线命令既可绘制一条直线，也可绘制多条线段。

在 AutoCAD 2010 中，启动直线的常用方法有以下几种。

1）下拉菜单：执行"绘图"｜"直线"命令。

2）工具栏：单击按钮。

3）命令行：line。

AutoCAD 接收了直线绘制命令后，通过鼠标或键盘确定直线的起点和终点即可完成直线的绘制。下面介绍直线命令通过坐标定位的方式完成绘制图形的过程。命令输入过程如下。

```
命令：line    //在命令行窗口中输入 line 启动直线命令
指定第一点：     //在屏幕上任意位置单击指定起点
指定下一点或 [放弃（U）]：@100,0      //输入下一点坐标完成直线的绘制
指定下一点或 [放弃（U）]：@0,-30
指定下一点或 [闭合（C）/放弃（U）]：@80,0
指定下一点或 [闭合（C）/放弃（U）]：@0,60
指定下一点或 [闭合（C）/放弃（U）]：@60<120
指定下一点或 [闭合（C）/放弃（U）]：@-60,0
指定下一点或 [闭合（C）/放弃（U）]：@30<-150
指定下一点或 [闭合（C）/放弃（U）]：@-64,0
指定下一点或 [闭合（C）/放弃（U）]：c
//回车结束命令
```

执行结果如图 2-1 所示。

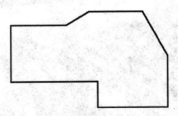

图 2-1 直线绘制命令

2. 多段线

多段线通常是指多个直线段或圆弧组成的一个对象。使用一个直线命令绘制多个线段时，每个线段是一个独立的对象，而使用一个多段线命令绘制的图形是一个整体。另外，多段线命令还可以绘制圆弧，或者直线和圆弧的组合体，并可以对不同的线段设置不同的宽度，从而绘制出的图形比直线命令绘制的图形更复杂多样。

在 AutoCAD 2010 中，启动多段线的常用方法如下。

1）下拉菜单：执行"绘图" | "多段线"命令。

2）工具栏：单击按钮。

3）命令行：pline。

下面通过两个例子介绍多段线的绘制方法。

（1）花瓶的绘制

在使用多段线绘制直线和圆弧的组合体时，用参数 l 和 a 控制线段形状为直线或圆弧，具体步骤如下。

```
命令：pline         //在命令行窗口中输入 pline 启动多段线命令
指定起点：          //在屏幕任意位置上单击指定起点
当前线宽为 0.0000
指定下一个点或 [圆弧（A）/半宽（H）/长度（L）/放弃（U）/宽度（W）]: @96,0
指定下一点或 [圆弧（A）/闭合（C）/半宽（H）/长度（L）/放弃（U）/宽度（W）]: a//
修改多段线线型为弧线
    指定圆弧的端点或[角度（A）/圆心（CE）/闭合（CL）/方向（D）/半宽（H）/直线（L）/半
径（R）/第二个点（S）/放弃（U）/宽度（W）]: @0,-480
    指定圆弧的端点或[角度（A）/圆心（CE）/闭合（CL）/方向（D）/半宽（H）/直线（L）/半
径（R）/第二个点（S）/放弃（U）/宽度（W）]: l//修改多段线线型为直线
    指定下一点或 [圆弧（A）/闭合（C）/半宽（H）/长度（L）/放弃（U）/宽度（W）]: @-96,0
    指定下一点或 [圆弧（A）/闭合（C）/半宽（H）/长度（L）/放弃（U）/宽度（W）]: a
    指定圆弧的端点或[角度（A）/圆心（CE）/闭合（CL）/方向（D）/半宽（H）/直线（L）/半
径（R）/第二个点（S）/放弃（U）/宽度（W）]:
    指定圆弧的端点或[角度（A）/圆心（CE）/闭合（CL）/方向（D）/半宽（H）/直线（L）/半
径（R）/第二个点（S）/放弃（U）/宽度（W）]: @0,480
    指定圆弧的端点或[角度（A）/圆心（CE）/闭合（CL）/方向（D）/半宽（H）/直线（L）/半
径（R）/第二个点（S）/放弃（U）/宽度（W）]:              //回车结束命令
```

使用直线命令和圆弧命令完成对瓶身的装饰,执行效果如图2-2所示。

（2）箭头的绘制

多段线可以为不同的线段设置不同的宽度,也可将一条线段的起点
和终点宽度设置为不同,具体步骤如下。

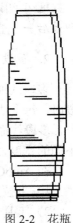

```
命令: pline
指定起点:
当前线宽为 0.0000
指定下一个点或 [圆弧（A）/半宽（H）/长度（L）/放弃（U）/宽度（W）]:
@30, 0
指定下一点或 [圆弧（A）/闭合（C）/半宽（H）/长度（L）/放弃（U）/
宽度（W）]: w
```

图2-2 花瓶

```
指定起点宽度 <0.0000>: 4
指定端点宽度 <4.0000>: 0
指定下一点或 [圆弧（A）/闭合（C）/半宽（H）/长度（L）/放弃（U）/宽度（W）]: @10, 0
指定下一点或 [圆弧（A）/闭合（C）/半宽（H）/长度（L）/放弃（U）/宽度（W）]:
```

其效果如图2-3所示。

3. 样条曲线

图2-3 箭头

样条曲线是一种通过或接近指定点的拟合曲线。在 AutoCAD 中,样条曲线的类型
是非均匀关系基本样条曲线（non-uniform rational basis splines,NURBS）。这种类型的
曲线适合表达具有不规则变化曲率半径的曲线。在机械图形的截切面、地形外貌轮廓线
中被广泛使用。

在 AutoCAD 2010 中,启动样条曲线的常用方法有以下几种。

1）下拉菜单:执行"绘图"｜"样条曲线"命令。

2）工具栏:单击按钮$\sim$。

3）命令行:spline。

下面以通过给定点绘制样条曲线为例介绍其绘制方法。

已知点分布如图2-4（a）所示,过这些点绘制样条曲线执行过程如下。

```
命令: spline                       //启动 spline 命令
指定第一个点或 [对象（O）]:        //单击 a 点
指定下一点或 [闭合（C）/拟合公差（F）] <起点切向>:      //单击 b 点
指定下一点或 [闭合（C）/拟合公差（F）] <起点切向>:      //单击 c 点
指定下一点或 [闭合（C）/拟合公差（F）] <起点切向>:      //单击 d 点
指定下一点或 [闭合（C）/拟合公差（F）] <起点切向>:      //单击 e 点
指定起点切向:              //通过调整起点切向控制 ab 间弧的状态
指定端点切向:              //通过调整端点切向调整 de 间弧的状态
```

执行效果如图 2-4（b）所示。

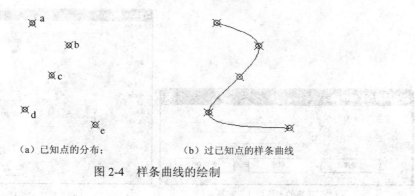

(a) 已知点的分布；　　　　　　(b) 过已知点的样条曲线

图 2-4　样条曲线的绘制

4. 多线

多线是一组由多条平行直线组成的对象。在 AutoCAD 2010 中，这些平行直线被称为图元，每一个图元都可以有不同的颜色、线形和偏移量。由于这些特性，多线被广泛应用于建筑制图中墙体等的绘制。多线的绘制通常经过自定义多线样式、绘制多线和编辑多线三步。

（1）自定义多线样式

在绘制多线之前，如果需要自定义多线样式，可打开"多线样式"对话框进行设定。AutoCAD 2010 通过以下两种方法弹出"多线样式"对话框。

1）下拉菜单：执行"格式"｜"多线样式"命令。

2）命令行：mlstyle。

AutoCAD 2010 提供的默认多线样式是
standard，它是一组两根以图层线条颜色控制颜色，
图元间偏移量为 1 的平行直线。"多线样式"对话
框如图 2-5 所示，其中各选项含义如下。

● "置为当前"：将选定多线样式设置为当前样式。
绘制多线时系统将默认使用当前多线样式。

● "新建"：创建一种新的多线样式。

● "修改"：对选定的多线样式进行重新编辑。

● "重命名"：可以对自定义的多线样式进行更
名操作。

● "删除"：删除所选定的多线样式。

● "加载"：如果有已保存成文件类型的多线样
式，可通过加载的方式直接引用。

图 2-5　"多线样式"对话框

● "保存"：将选定的多线样式保存成文件形式，供加载使用。

在"多线样式"对话框上单击"新建"按钮，弹出图 2-6（a）所示的"创建新的多线样式"对话框。在"新样式名"文本框中输入新的多线样式名后，单击"继续"按钮，

弹出图 2-6（b）所示的对话框。

（a）"创建新的多线样式"对话框;　　　　　　　　　（b）"新建多线样式"对话框

图 2-6　新建多线样式

在"新建多线样式"对话框中，各选项含义如下。

● "直线"：在多线的两端产生直线封口形式，如图 2-7（a）所示。

● "外弧"：在多线的两端产生外圆弧封口形式，如图 2-7（b）所示。

● "内弧"：在多线的两端产生内圆弧封口形式，如图 2-7（c）所示。

● "角度"：多线某一端的端口与多线的夹角，如图 2-7（d）所示。

● "填充颜色"：多线所构成的闭合区域中的填充色。

● "显示连接"：在多线拐角处显示连接线，如图 2-7（e）所示。

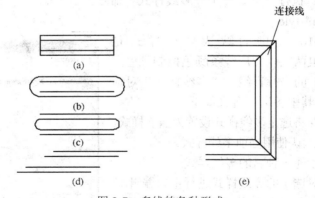

图 2-7　多线的各种形式

● "添加"按钮：为多线添加图元，即平行线。

● "删除"按钮：删除选定的图元。

● "偏移"：编辑选定图元的偏移量。

● "颜色"：编辑选定图元的线条颜色。

● "线型"：编辑选定图元的线型。

设定完上述选项，单击"确定"按钮，完成多线样式的新建操作。"新建多线样式"对话框自动关闭，回到"多线样式"对话框。如果要使用自定义的多线样式，可单击"多线样式"对话框上的"置为当前"按钮，也可在 mline 命令中使用 st 参数修改多线样式名称。

在"多线样式"对话框的"样式"列表里选定要修改的多线样式名称，单击"修改"按钮，弹出"修改多线样式"对话框。该对话框与"新建多线样式"对话框的内容及操作基本一致，这里不再复述。

📖**小知识**：绘图中已存在的多线，其多线样式不可修改和删除。

（2）绘制多线

完成多线样式的设置后，就可以使用该多线样式进行多线的绘制。启动多线绘制命令的方法有以下几种。

1）下拉菜单：执行"绘图"｜"多线"命令。

2）命令行：mline

多线命令有三个参数：对正（J）、比例（S）和样式（ST），参数说明如下。

1）对正（J）：指定多线中的哪条线段的端点与鼠标的移动轨迹重合。该参数有以下三个选项。

上（T）：若从左向右绘制多线，则多线最顶部的线段与鼠标的移动轨迹重合。

无（Z）：多线的 0 偏移量位置与鼠标的移动轨迹重合。

下（B）：若从左向右绘制多线，则多线最底部的线段与鼠标的移动轨迹重合。

三种对正方式的效果如图 2-8 所示。

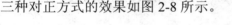

图 2-8 多线的三种对正效果

2）比例：绘制多线过程中，可以通过比例值的设置调节多线的实际偏移量，即

多线的实际偏移量＝新建÷修改多线样式对话框中设置的图元偏移量×比例

3）样式：当有多个多线样式时，可通过 st 参数输入多线样式名称，决定究竟使用哪种多线样式进行多线的绘制。

（3）编辑多线

多线编辑命令可用于编辑多线的绘制效果，其主要功能有以下几个方面。

1）添加或删除顶点。

2）改变两条多线的相交形式。如使两条多线相交成"十"字型或"T"字型等。

3）控制角点的可见性。

4）切断或拉倒多线中的线条。

启动多线编辑命令的方法如下。

1）下拉菜单：执行"修改"｜"对象"｜"多线"命令。

2）命令行：mledit。

启动多线编辑命令后，打开如图 2-9 所示的"多线编辑工具"对话框，该对话框中的每个小图形形象地展示了多线编辑后的效果，说明了各编辑命令的功能。

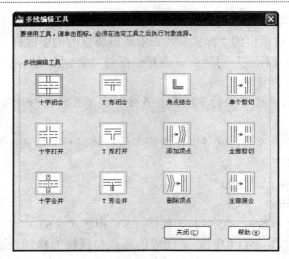

图 2-9　"多线编辑工具"对话框

5. 构造线

构造线是两端无限延长的直线，在绘图过程中经常用来制作辅助线。比如创建机械零件的长对正、宽相等的辅助线等。

在 AutoCAD 2010 中，启动构造线的常用方法有以下几种。

1）下拉菜单：执行"绘图"｜"构造线"命令。

2）工具栏：单击按钮 。

3）命令行：xline。

构造线在绘制时采用两点定位的方式，绘制方法与直线命令 line 类似，但绘制出的是两端无限延长的直线。比如过圆心做与坐标系平行和垂直的辅助线，执行过程如下。

1）绘制圆。输入 circle，按回车键。在绘图区单击获得圆心，输入 100，按回车键做半径为 100 的圆。

2）设置线型为 center。

3）输入 xline 按回车键。

4）自动捕捉圆心，单击。

5）鼠标向 0°方向移动，单击。

6）鼠标移动到 90°方向，单击。

7）按回车键结束构造线的绘制。效果如图 2-10 所示。

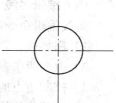

图 2-10　构造线

2.1.2　弧形的绘制

工程制图中大量使用弧形对象，如圆、圆弧等，本节将对圆、圆弧、椭圆、椭圆弧、云线和二维螺旋线命令进行阐述。

1. 圆

AutoCAD 2010 中提供了六种绘制圆形的方法，默认的绘制方法是通过指定圆心和半径进行绘制。此外，还有指定圆心和直径画圆；通过两点或三点画圆；通过相切、相切、半径画圆以及通过相切、相切、相切画圆等几种方法。

启动画圆命令的方法有以下几种。

1）下拉菜单：执行"绘图"｜"圆"命令。

2）工具栏：单击按钮 ⊙·。

3）命令行：circle。

参数说明：启动圆命令后，命令行显示：

```
_circle
指定圆的圆心或［三点（3P）/两点（2P）/相切、相切、半径（T）]:
```

其参数说明如下。

三点（3P）：指定三个点绘制圆，即指定的三个点均在圆上。其中，"相切、相切、相切"绘圆法是三点绘圆法的一种特例。在输入 3P 参数后，继续使用 tan 命令指定切点即可完成三切绘圆。

两点（2P）：指定的两点为所绘圆的一条直径的两个端点。

相切、相切、半径（T）：选择与圆真切的两个对象，然后输入半径绘制圆。

下面以绘制一个三角形的外接圆和内切圆为例，介绍 circle 命令的用法，执行过程如下。

1）使用 line 命令绘制一个任意三角形△ABC。

2）输入 circle，按回车键。

3）输入 3P，按回车键。

4）依次捕捉三角形的三个顶点 A、B、C。三角形的外接圆绘制成功。

5）按回车键重复 circle 命令。

6）输入 3P，按回车键。

7）输入 tan 按回车键，在 AB 边上单击，指定一个切点 D。输入 tan 按回车键，在 BC 边上单击，指定第二个切点 E。

8）输入 tan 按回车键，在 AC 边上单击，指定第三个切点 F，完成三角形内切圆的绘制。效果如图 2-11 所示。

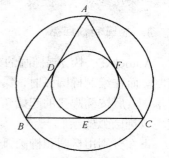

图 2-11 三角形的外接圆和内切圆

2. 圆弧

使用 Auro CAD 制图时，有时可能需要的不是整个圆，而是一段圆弧，AutoCAD 2010 提供了大量圆弧的绘制方法。

启动圆弧绘制命令的方法有以下几种。

1）下拉菜单：执行"绘图"｜"圆弧"命令。

2）工具栏：单击按钮 ╱╲ 。

3）命令行：arc。

下面用圆弧绘制门，绘制方法如下。

（1）用矩形绘制门扇

命令：_rectang

指定第一个角点或 [倒角（C）/标高（E）/圆角（F）/厚度（T）/宽度（W）]：

指定另一个角点或 [面积（A）/尺寸（D）/旋转（R）]：

指定另一个角点或 [面积（A）/尺寸（D）/旋转（R）]： @30, 800。

（2）用弧绘制门开合的方向

选择弧绘制中的"起点、圆心、端点"作为绘制方法。

命令：_arc

指定圆弧的起点或 [圆心（C）]：

单击门扇顶点 A 指定圆弧起点

指定圆弧的第二个点或 [圆心（C）/端点（E）]： _c

指定圆弧的圆心：

单击门扇端点 B 指定圆心

指定圆弧的端点或 [角度（A）/弦长（L）]：

沿 180°方向滑动鼠标，单击，完成门的绘制。绘制效果如图 2-12 所示。

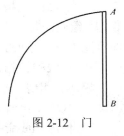

图 2-12　门

> 📖**小知识**：AutoCAD 2010 中提供了"继续"绘制圆弧的方法，使用该命令可以以最后一条所绘对象（直线、圆弧）的终点为起点继续绘制圆弧。

3．椭圆和椭圆弧

AutoCAD 中绘制椭圆的方法有两种：一种是利用中心点绘制，另一种是利用端点绘制。而在绘制椭圆弧时，第一步要构造椭圆母体，出现的是与绘制椭圆相同的选项和提示，然后按椭圆弧的起始角和终止角来绘制椭圆弧。用户也可以指出起始角和夹角角度完成椭圆弧的绘制。

下面分别用椭圆和椭圆弧在零件图中的绘制为例，介绍绘制方法，其操作步骤如下。

（1）椭圆的绘制

1）在正交状态下绘制垂直和水平辅助线，以交点为圆心绘制直径 16 的圆。

命令：_circle

指定圆的圆心或 [三点（3P）/两点（2P）/切点、切点、半径（T）]：

指定圆的半径或 [直径（D）]： d

指定圆的直径： 16

以直径为 16 的圆心为圆心绘制椭圆，椭圆两端点通过动态跟踪输入确定。

命令：_ellipse
指定椭圆的轴端点或 [圆弧（A）/中心点（C）]：_c
指定椭圆的中心点：
指定轴的端点：24
指定另一条半轴长度或 [旋转（R）]：12

2）绘制直线边。

命令：line
指定第一点：
指定下一点或 [放弃（U）]：@0, -39
指定下一点或 [放弃（U）]：@15<-30
指定下一点或 [闭合（C）/放弃（U）]：   //捕捉切点
指定下一点或 [闭合（C）/放弃（U）]：

3）确定第二个椭圆的圆心。长 39 的边向右偏移 11，水平辅助线向下偏移 33，长 15 的底边通过上述两条线的交点偏移做椭圆的长端，通过交点做与上步所绘直线垂直的直线并做椭圆的短端，删除偏移 11 和 33 所得的辅助线，以两线交点为圆心绘制长端半轴为 7、短端半轴为 4 的椭圆。

命令：_ellipse
指定椭圆的轴端点或 [圆弧（A）/中心点（C）]：_c
指定椭圆的中心点：
指定轴的端点：7
指定另一条半轴长度或 [旋转（R）]：4

完成图形的绘制，效果如图 2-13 所示。

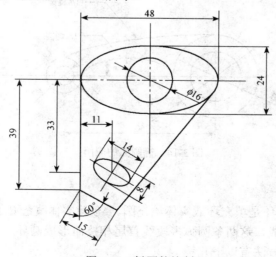

图 2-13 椭圆的绘制

（2）通过中心点绘制椭圆弧

1）在正交状态下绘制水平和垂直辅助线，以两辅助线交点为圆心分别绘制直径为20 和 33 的圆，垂直辅助线向右偏移 60；以偏移后的垂直辅助线与水平辅助线的交点为圆心，分别绘制直径为 7、半径为 7 的圆；以直径为 33 圆的圆心为中心绘制椭圆弧。

```
命令：_ellipse
指定椭圆的轴端点或 [圆弧（A）/中心点（C）]：_a
指定椭圆弧的轴端点或 [中心点（C）]：c
指定椭圆弧的中心点：（直径 3 圆的圆心）
指定轴的端点：（直径 33 圆的 90°象限点）
指定另一条半轴长度或 [旋转（R）]：（单击半径 7 圆的 0°象限点，确定半轴长度）
指定起始角度或 [参数（P）]：180
指定终止角度或 [参数（P）/包含角度（I）]：270
```

2）通过端点绘制第二条椭圆弧。以直径 33 圆的 0°象限点和半径 7 圆的 180°象限点为端点绘制椭圆弧。

```
命令：_ellipse
指定椭圆的轴端点或 [圆弧（A）/中心点（C）]：_a
指定椭圆弧的轴端点或 [中心点（C）]：（单击直径 33 圆的 0°象限点为第一端点）
指定轴的另一个端点：  （单击半径 7 圆的 180°象限点为第二端点）
指定另一条半轴长度或 [旋转（R）]：7（鼠标移动至垂直于中心点上方，输入 7）
指定起始角度或 [参数（P）]：180
指定终止角度或 [参数（P）/包含角度（I）]：0
```

完成绘制后的效果如图 2-14 所示。

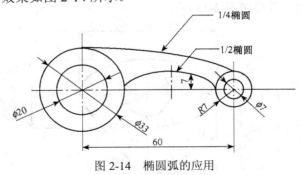

图 2-14　椭圆弧的应用

4. 圆环

AutoCAD 中的圆环是填充环或实体填充圆。要创建实体填充圆,应将内径值指定为 0。由两条圆弧多段线组成，这两条圆弧多段线首尾相接而形成圆环。

启动圆环命令的方法有以下几种。

1）下拉菜单：执行"绘图"｜"圆环"命令。

2）工具栏：单击按钮◎。

3）命令行：donut。

要创建圆环，需指定它的内、外直径和圆心。通过指定不同的中心点，圆环命令可以持续创建具有相同直径的多个圆环。具体操作步骤如下。

命令：_donut
指定圆环的内径 <0.5000>： 25
指定圆环的外径 <1.0000>： 50
指定圆环的中心点或 <退出>：
指定圆环的中心点或 <退出>：

绘制结果如图 2-15（a）所示。

需要说明的是，圆环内部的填充方式取决于 fill 命令的当前设置。fill 命令默认设置为"on"，绘制出来的圆环为填充环；如果在绘制之前将 fill 设置为"off"，则绘制出来的圆环如图 2-15（b）所示。也可用 fillmode 命令实现对圆环内部填充的控制，fillmode 为"1"时为填充环，fillmode 为"0"时不填充。

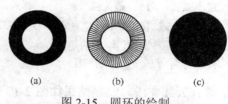

(a) (b) (c)

图 2-15 圆环的绘制

如果要绘制实体填充圆，则将内径值设为 0 即可，效果如图 2-15（c）所示。

5. 云线

在使用 Auto CAD 制图时，有时可能需要多次修改图纸。为了更方便发现修改后的图纸与原图纸的区别，就可以用云线将已修改的部分圈出来。

启动云线命令的方法有以下几种。

1）下拉菜单：执行"绘图"｜"修订云线"命令。

2）工具栏：单击按钮。

3）命令行：revcloud。

云线可通过手绘方式进行绘制，即指定起点后，按要绘制的云线轨迹移动鼠标即可完成云线的绘制，如图 2-16 所示。也可将闭合图形（椭圆、矩形等）转换为云线，如图 2-17 所示。

图 2-16 手绘云线

图 2-17 将矩形转换成云线

（1）手绘云线

命令：_revcloud
最小弧长：15；最大弧长：15；样式：普通。
指定起点或 [弧长（A）/对象（O）/样式（S）] <对象>：
沿云线路径引导十字光标...

修订云线完成。

（2）将闭合图形转换为云线

命令：_rectang（绘制一个矩形，将该矩形转换为云线）
指定第一个角点或 [倒角（C）/标高（E）/圆角（F）/厚度（T）/宽度（W）]：
指定另一个角点或 [面积（A）/尺寸（D）/旋转（R）]：@30, 10
命令：_revcloud
最小弧长：15；最大弧长：15；样式：普通。
指定起点或 [弧长（A）/对象（O）/样式（S）] <对象>：o
选择对象：（选择已绘制的矩形）
反转方向 [是（Y）/否（N）] <否>：

修订云线完成。绘制结果如图 2-17 所示。

📖**小知识**：使用修订云线绘制出来的图形为多段线图形，explode 后会被分解成若干圆弧。

2.1.3 多边形的绘制

和直线、圆等一样，多边形也是工程图中常见的几何对象。除了用 line、pline 等方法定点绘制多边形外，AutoCAD 还提供了正多边形（polygon）和矩形（rectang）两种绘制工具。

1. 正多边形

AutoCAD 2010 可绘制由 3～1024 条边组成的正多边形。启动正多边形的命令有以下几种。

1）下拉菜单：执行"绘图"｜"正多边形"命令。
2）工具栏：单击按钮⬠。
3）命令行：polygon。
正多边形有两种画法。
1）指定多边形的边数及中心点。这种画法比较适用于做内接或外切于圆的正多边形。
2）指定多边形的边数及某一边上的两个端点。这种画法比较适用于做已知边长的正多边形。
下面分别对两种画法加以介绍。

（1）指定多边形边数及中心点的画法

命令：_circle 指定圆的圆心或 [三点（3P）/两点（2P）/切点、切点、半径（T）]：

指定圆的半径或 [直径（D）] <20.0000>：d

指定圆的直径 <40.0000>：20　　　　　　　　//画一直径 20 的圆

命令：_polygon 输入边的数目 <4>：5　　　　　//输入多边形的边数 5

指定正多边形的中心点或 [边（E）]：　　　//通过跟踪指定多边形中心点为圆的圆心

输入选项 [内接于圆（I）/外切于圆（C）] <I>：　　//选择多边形与圆的关系，系统默认

　　　　　　　　　　　　　　　　　　　　　　　　　　为内接于圆

指定圆的半径：

　　　　　　　　　　　　　　　　　　　　//通过跟踪圆上的象限点指定圆半径

绘制的效果如图 2-18（a）所示。若在选择多边形与圆的关系时输入 c，则选择为外切于圆，效果如图 2-18（b）所示。

（2）指定多边形边数及一边上端点的画法

命令：_polygon

输入边的数目 <5>：//确定多边形的边数

指定正多边形的中心点或 [边（E）]：e　　　　　//指定按边画多边形

指定边的第一个端点：

指定边的第二个端点：10　　　//通过跟踪输入绘制边长为 10 的正五边形

效果如图 2-19 所示。

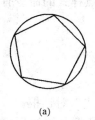

（a）　　　　　　　　　　　（b）

图 2-18　指定边数及中心点的多边形　　　　图 2-19　指定边数及一边上两端点的多边形的

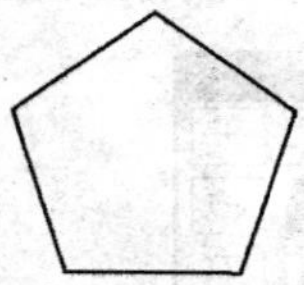

2．矩形

绘制矩形时，一般只需指定矩形对角线的两个端点即可，而且在绘制的过程中还可以根据需要直接绘制圆角矩形或倒角矩形。

启动矩形的命令有以下几种。

1）下拉菜单：执行"绘图" | "矩形"命令。

2）工具栏：单击按钮 ▭。

3）命令行：rectang。

下面以圆角矩形的绘制为例，介绍矩形的绘制过程。

命令：_rectang

指定第一个角点或 [倒角（C）/标高（E）/圆角（F）/厚度（T）/宽度（W）]：f　　　//指定
矩形类型为圆角矩形

指定矩形的圆角半径 <0.0000>：2
//指定圆角半径

指定第一个角点或 [倒角（C）/标高（E）/圆角（F）/厚度（T）
/宽度（W）]：　　　//指定矩形起点

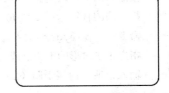

指定另一个角点或 [面积（A）/尺寸（D）/旋转（R）]：@25，
38　　//通过相对坐标输入矩形对角线上的另一点

图 2-20　圆角矩形

绘制结果如图 2-20 所示。

参数说明如下。

- E（标高）：指在距基面一定高度的面内绘制矩形。
- T（厚度）：绘制具有一定厚度值的矩形（标高和厚度在三维绘制时才能体现出来）。
- W（宽度）：指定矩形的线宽。

2.1.4　点的绘制

点对象作为节点或参照几何图形的，对于对象捕捉和相对偏移非常有用。AutoCAD
2010 提供了多种绘制点的方法，包括单点、多点、定数等分点和定距等分点。

1．设置点样式

在绘制点之前通常需要设置点样式，以便更清晰地定位。启动设置点样式的命令有
以下几种。

1）下拉菜单：执行"格式"｜"点样式"命令。

2）工具栏：单击按钮 ☑ 点样式…。

3）命令行：ddptype。

命令启动后弹出如图 2-21 所示的"点样式"对话框。

在对话框的图形中选择一种作为点在屏幕上的显示方
式。输入"点大小"的值，其中：

- "相对于屏幕设置大小"单选按钮：用于按屏幕尺寸的百
分比设置点的显示大小。当进行缩放时，点的显示大小并不改变。

- "按绝对单位设置大小"单选按钮：用于按"点大小"
下指定的实际单位设置点显示的大小。当进行缩放时，

图 2-21　"点样式"对话框

AutoCAD 显示的点的大小随之改变。

点样式设置完成后即可开始进行点的绘制。

2．单点和多点

单点就是一次只能在视图中绘制一个点，如果要重复绘制点则需要重复点命令。单

点绘制没有工具按钮，要绘制单点，可使用以下几种方法。

1）菜单：执行"绘图"｜"点"｜"单点"命令。

2）命令行：point。

启动单点命令后，在屏幕上指定位置单击即可按已设定的点样式绘制出一点。绘制效果如图 2-22 所示。

```
命令：_point
当前点模式：  pdmode=35  pdsize=0.0000
```

图 2-22　单点

多点就是在视图中使用一个命令即可完成多个点的绘制。启动多点的命令有以下几种。

1）下拉菜单：执行"绘图"｜"点"｜"多点"命令。

2）工具栏：单击按钮 ·。

启动多点命令后，在屏幕上需要点的位置不断单击，直到按 Esc 键结束点命令。绘制效果如图 2-23 所示。

```
命令：_point
当前点模式：  pdmode=35  pdsize=0.0000
指定点：  *取消*
```

图 2-23　多点

3．定数等分点

定数等分点是指将测量对象按照用户定义的数量等分为若干份，在每个等分处放置点。被等分的对象可以是直线、圆、圆弧、多段线等。启动定数等分点的命令有以下几种。

1）下拉菜单：执行"绘图"｜"点"｜"定数等分"命令。

2）工具栏：单击按钮 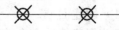。

3）命令行：divide。

在做定数等分时，需要先指定要被等分的对象，然后输入对该对象等分的数目，等分点就会按照设置的点样式出现在相应的等分位置上。下面以等分一条长度为 10 的直线为例介绍定数等分。绘制效果如图 2-24 所示。

```
命令：_line
指定第一点：
指定下一点或 [放弃（U）]：
指定下一点或 [放弃（U）]： @10，0
指定下一点或 [放弃（U）]：
命令：
命令：
命令：_divide
选择要定数等分的对象：      //单击直线
输入线段数目或 [块（B）]： 3
```

图 2-24　定数等分

4. 定距等分

定距等分是指在测量对象上按一定距离放置点，启动定距等分的命令有以下几种。

1）下拉菜单：执行"绘图"｜"点"｜"定距等分"命令。

2）工具栏：单击按钮 ⊀ 定距等分 。

3）命令行：measure。

在做定距等分时，先指定被等分的对象，再指定对该对象进行等分的距离。与"定数等分"命令不同的是，定数等分以给定数目等分所选对象，等分的结果每段相同；而定距等分以指定的距离在所选对象上插入点或块，直到余下部分不足一个间距为止，所以定数等分不一定能完全等分对象。下面同样以一条长度为 10 的直线为例，介绍定距等分。绘制效果如图 2-25 所示。

```
命令：_line
指定第一点：
指定下一点或 [放弃（U）]：
指定下一点或 [放弃（U）]： @10, 0
指定下一点或 [放弃（U）]：
命令：measure
选择要定距等分的对象：        //单击直线
指定线段长度或 [块（B）]： 3
```

图 2-25　定距等分

　　小知识：进行定距等分时，放置点的起始位置是离选取点（选择等分对象时单击被等分对象的位置）较近的一端。

2.1.5　面域、图案填充和渐变色

1. 面域

面域是指具有一定边界的闭合区域，它具有面积、周长和形心等几何特征。与传统的作图方法截然不同，

（1）创建面域

启动创建面域命令的方法有以下几种。

1）下拉菜单：执行"绘图"｜"面域"命令。

2）工具栏：单击按钮 ◙ 。

3）命令行：region。

具体执行步骤如下所述。

绘制如图 2-26 所示的图形（一个矩形，两个圆）

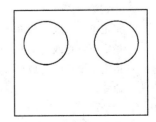

图 2-26　创建面域

```
命令：_region
选择对象：
```

指定对角点：找到三个　//用交选或框选选择矩形及两个圆

选择对象：　　　　　　　　　//回车结束

已提取三个环。

已创建三个面域。

因为图中有三个闭合区域，所以创建了三个面域。

> 📖**小知识**：默认情况下，在创建面域的同时会删除源对象。如果希望源对象被保留，需将系统变量 delobj 的值设置为 0。

（2）面域的布尔运算

面域可采用"并"、"交"和"差"等布尔运算来构造不同形状的图形。具体运算方式如下。

1）并运算：将所有参与运算的面域合并为一个新的面域。

绘制图 2-27（a）所示的图形。

命令：region　　　　　　　//创建面域
选择对象：指定对角点：找到五个　//用交选或框选的方式选择圆和矩形
选择对象：
已提取五个环。
已创建五个面域。
命令：union　　　　　　　　//对创建的面域实现"并"运算
选择对象：指定对角点：找到五个`　//用交选或框选的方式选择五个面域
选择对象：　　　　　　　　　　//回车结束

执行结果如图 2-27（b）所示。

2）差运算：将从一个面域中去掉一个或多个面域从而形成新的面域。

下面以图 2-27（a）为例介绍差运算的执行过程。

命令：_subtract
选择要从中减去的实体、曲面和面域…　//执行差运算
选择对象：找到一个　　　　//单击圆
选择对象：　　　　　　　　//回车确定
选择要减去的实体、曲面和面域…　//选择四个矩形
选择对象：找到一个
选择对象：找到一个，总计两个
选择对象：找到一个，总计三个
选择对象：找到一个，总计四个
选择对象：　　　　　　　　//回车结束

执行效果如图 2-27（c）所示。

3）交运算：利用面域的交运算可以求出各个相交面域的公共部分。

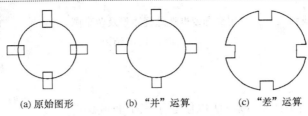

(a) 原始图形　　　　(b) "并"运算　　　　(c) "差"运算

图 2-27　面域的"并"、"差"运算

创建如图 2-28（a）所示的图形。

命令：_region 　　　　　　　　　//为图形创建面域
选择对象：指定对角点：找到两个 　　　//框选圆和矩形
选择对象：
已提取两个环。
已创建两个面域。
命令：_intersect 　　　　　　　　//执行交运算 intersect
选择对象：指定对角点：找到两个 　　　//框选圆和矩形
选择对象： 　　　　　　　　　　　//回车结束

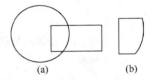

(a) 　　　(b)

执行效果如图 2-28（b）所示。

图 2-28　面域的"交"运算

（3）从面域中提取数据

面域具有周长、面积、形心等特征，要获取这些特性数据，有以下两种方法。

1）通过特性选项板获取。选择面域对象（如图 2-27（c）所示），右击，在弹出的快捷菜单中执行"特性"命令。弹出"特性"选项板，在"几何图形"中即可查看面域的面积和周长等特性数据。如图 2-29 所示。

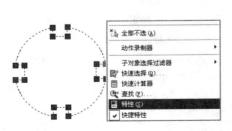

图 2-29　通过"特性"面板获取面域数据

2）通过查询工具获取。执行菜单"工具"｜"查询"｜"面域/质量特性"命令，如图 2-30 所示。

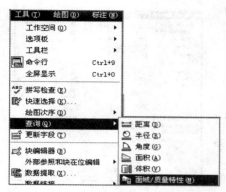

（a）选择查询菜单

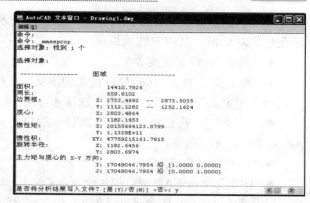

（b）"AutoCAD"文本窗口

（c）"创建质量与面域特性文件"对话框

图 2-30　通过查询工具获取面域数据

　　选择要查询的面域对象（如图 2-27（c）所示），按回车键确定。在弹出的"AutoCAD
文本窗口"中就会显示出面域对象的质量特性。

　　如果需要保存质量特性文件，在"AutoCAD 文本窗口"中输入"y"按回车键，即
可弹出"创建质量与面域特性文件"对话框，输入文件名保存即可。

　　2. 图案填充

　　在某个区域内，重复绘制具有一定规则的图形，以表达该区域的特征，这个过程被
称为图案填充。图案填充被广泛应用于表达零件的剖切面、断面或材质的类型等。在
AutoCAD 2010 中，通过选择要填充的对象或通过定义边界，然后指定内部点来创建图案
填充。

　　（1）创建图案填充

　　启动图案填充的命令有以下几种。

　　1）下拉菜单：执行"绘图"｜"图案填充"命令。

　　2）工具栏：单击按钮。

　　3）命令行：bhatch。

命令启动后弹出如图 2-31 所示的"图案填充和渐变色"对话框，其中各选项说明如下。

- "类型"：设置图案类型。

- "预定义"：使用 AutoCAD 提供的图案。只有当选择"预定义"类型时，"图案"选项才可用。

- "自定义"：在已添加到搜索路径中的自定义 pat 文件中定义的图案。

- "用户定义"：用户定义填充图案。

- "图案"：AutoCAD 提供的各种预定义图案。其中，最近使用过的六个图案将出现在下拉列表的顶部。

图 2-31　"图案填充和渐变色"对话框

- "样例"：显示选定图案的预览图像。

- "角度"：填充图案与当前 UCS 坐标系 X 轴的夹角。

- "比例"：放大或缩小所选预定义或自定义的图形。比例值＞1，放大图形；比例值＜1，缩小图形。

- "图案填充原点"：默认为当前原点，也可选择"指定原点"，则可以自己指定图案填充的边界范围。

- "边界"：指定填充范围。

- "添加：拾取点"：以在图形中拾取点周围的封闭区域边界为填充边界。使用该选项时，对话框会暂时关闭，并提示用户选择对象。用户在需要填充的闭合区域内任意位置单击即可。对象选定后对话框自动弹出。

- "添加：选择对象"：以构成闭合区域的对象为边界。使用该选项时，对话框暂时关闭并提示用户选择对象。此时用户需要在图形中选择填充区域的边界。

- "删除边界"：在图形中删除原来所定义的填充边界。

- "选项"：在"选项"区域中，"关联"指控制图案填充或填充关联，选中该复选框后，用户在修改边界后填充自动更新；"创建独立的图案填充"是当指定了几个单独的闭合边界时，创建单个图案填充对象；"继承特性"指使用选定对象的填充图案或填充特性对指定边界进行图案填充。

绘制如图 2-33 所示的图形，创建图案填充的步骤如下。

输入 bhatch，打开"图案填充和渐变色"对话框。选择"预定义"类型，在"图案"下拉列表中选择填充图案的名称；也可通

图 2-32　"填充图案选项板"对话框

过图案后面的按钮──打开如图 2-32 所示的"填充图案选项板"对话框,在其中选择图形效果("其他预定义"选项卡中的"AR-BRSTD")。

单击"添加:拾取点"或"添加:选择对象" 按钮选择需要填充的闭合区域。调整角度(0)和比例(0.25),单击"确定"按钮完成图案填充。效果如图 2-33 所示。

(2)编辑图案填充

因为可填充的对象组合多、填充对象大小不固定等原因,填充效果往往会产生预料不到的结果。如果创建了不需要的图案填充,则可以放弃操作、修剪或删除图案填充以及重新填充区域,也可以对图案填充进行重新编辑。

启动编辑图案填充的命令有以下几种。

1)下拉菜单:执行"修改"|"对象"|"图案填充"命令。

2)工具栏:单击按钮 。

3)命令行:hatchedit。

启动命令后弹出与"图案填充和渐变色"一样的对话框,在该对话框中对对象原来填充的图案、角度、比例等都可以修改。以图 2-33 为例,输入 hatchedit 命令,进入"图案填充编辑"对话框,修改比例为 0.5,执行结果如图 2-34 所示。

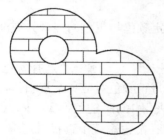
图 2-33 填充效果演示图

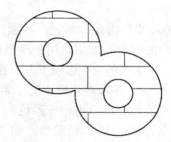
图 2-34 图案填充编辑效果图

(3)设置孤岛

孤岛就是指图案填充区域内的封闭区域。在 AutoCAD 中,用户可以通过设置孤岛状态来决定是否要填充它们。设置的方法是:在"图案和渐变色"或"填充图案选项板"对话框中,单击"帮助"按钮右边的 按钮,打开孤岛设置区域。选中"孤岛检测"复选框,选择"孤岛显示样式"。在 AutoCAD 2010 中提供了三种孤岛显示样式,分别如下所列。

1)普通方式:填充时,填充图案从外向里填充,在遇到第一个封闭边界时不显示填充图案,遇到下一个封闭区域时才显示填充图案。

2)外部方式:填充图案向里填充时,一旦遇到封闭的边界就不再填充图案。

3)忽略方式:填充图案铺满整个边界内部,不受封闭边界影响。

下面仍以图 2-33 为例,介绍三种孤岛显示样式,效果如图 2-35 所示。

3. 渐变色

渐变色填充是一种特殊的图案填充,它用一种或两种颜色完成对闭合区域的填充。在"图

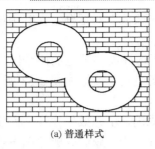 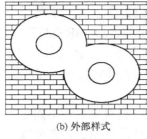 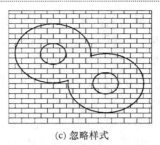

(a) 普通样式　　　　　　　　(b) 外部样式　　　　　　　　(c) 忽略样式

图 2-35　孤岛示意图

案填充和渐变色"对话框中选择"渐变色"选项卡，如图 2-36 所示。其中各选项说明如下。

● "单色"：指定使用从较深着色到较浅色调平滑过渡的单色填充。

● "双色"：指定在两种颜色之间平滑过渡的双色填充。选定后将显示颜色 1 和颜色 2 的带有"浏览"按钮的颜色样本。

● "居中"：指定对称的渐变配置。如果没有选定此选项，渐变色将从右下方向左上方变化，即创建光源在对象左边的颜色效果。

● "角度"：指定渐变色与当前 UCS 坐标系 X 轴夹角。此选项与指定给图案填充的角度互不影响。

● "暗和明"滑块：指定一种颜色的着色（选定颜色与黑色的混合）或渐浅（选定颜色与白色的混合）效果，用于渐变填充。

此外，单击"单色"选项下方下拉列表中的 ▢ 按钮，还会弹出"选择颜色"对话框，如图 2-37 所示。在该对话框中有"索引颜色"（将每种颜色对应一个索引值，使用时通过输入索引值就可以调用相应颜色）、"真彩色"（采用 RGB 配色方案，R、G、B 三基色取值范围为 0～255 的正整数）和"配色系统"（在配色系统中查找给定编号的颜色）三个选项卡进行填充颜色的选定。

选定颜色后，对对象的填充和编辑方法与图案填充完全一致，这里不再赘述。

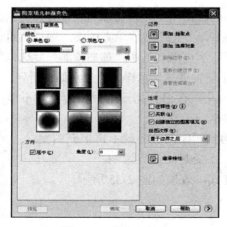

图 2-36　渐变色填充

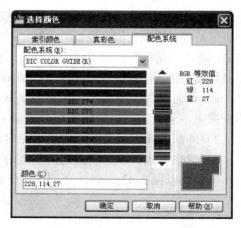

图 2-37　"选择颜色"对话框

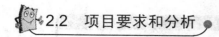

2.2 项目要求和分析

1. 项目要求（联接器平面图）

建立如图 2-38 所示的联接器平面图。

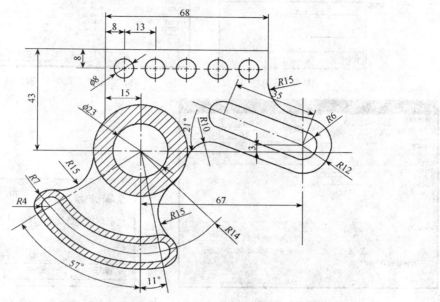

图 2-38 联接器平面图

2. 项目分析

在制图时，定位辅助线的绘制极为重要。所以，在利用 AutoCAD 绘图时，第一步就应该确定定位辅助线，然后根据图上的尺寸和形状，分析相应的图形与绘制步骤。在 CAD 制图中，修剪（trim 命令）是一个非常实用的编辑命令，通过这个命令可以完成由圆精确定位弧等复杂操作，本图在绘制过程中的大量连接弧都是通过修剪辅助圆完成的。在绘制倾斜对象时，可通过改变坐标系的方式来快速达到目的。图案填充时应注意填充比例的设置，以达到良好的视觉效果。

2.3 项目实施

步骤 1：绘制主定位轴线

1）加载 CENTER 线型。在"特性"工具栏中选择"线型"中的"其他"选项，打开"线型管理器"对话框。单击"加载"按钮，弹出"加载或重载线型"对话框，选择"CENTER"线型，单击"确定"按钮回到"线型管理器"对话框，设置"全局比例因子"为 0.15。如图 2-39 所示。

（a）"特性"工具栏

（b）"加载或重载线型"对话框

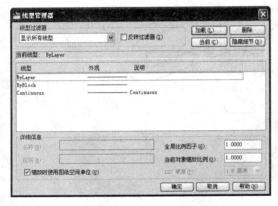

（c）"线型管理器"对话框

（d）"线型管理器"对话框

图 2-39 加载 CENTER 线型

2）设置线型。在"线型"工具栏中选择"CENTER 线型"，如图 2-40 所示

3）绘制定位轴线。在模型空间合适的位置用构造线绘制定位线 *A*、*B*。

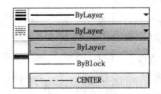

图 2-40 设置线型

命令：xline
指定点或 [水平（H）/垂直（V）/角度（A）/二等分（B）/偏移（O）]：h　　// 绘制水平轴线 *B*
命令：xline
指定点或 [水平（H）/垂直（V）/角度（A）/二等分（B）/偏移（O）]：v
//绘制垂直轴线 *A*
//用 break 命令截断定位线到合适大小
//以 *A*、*B* 交点为 o1 起点绘制直线 *C*、*D*：
命令：line

指定第一点： //单击 o1

指定下一点或 [放弃（U）]： @70<-147

指定下一点或 [放弃（U）]： //回车确定

命令： line

指定第一点： //单击 o1

指定下一点或 [放弃（U）]： @70<-79

指定下一点或 [放弃（U）]： //回车确定

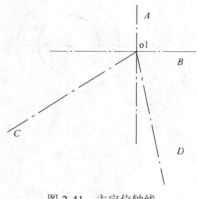

图 2-41 主定位轴线

效果如图 2-41 所示。

步骤 2：圆和弧的绘制

1）设置线型为 Bylayer。

2）以 o1 为圆心绘制直径 23 的圆。

命令： circle

指定圆的圆心或 [三点（3P）/两点（2P）/切点、切点、半径（T）]： //单击 o1

指定圆的半径或 [直径（D）] <44.0000>： d　　　　//指定以直径方式绘制圆

指定圆的直径 <88.0000>： 23　　　　　　　　　//绘制直径 23 的圆

3）以 o1 为圆心绘制直径 39 的圆。

命令： circle

指定圆的圆心或 [三点（3P）/两点（2P）/切点、切点、半径（T）]： //单击 o1

指定圆的半径或 [直径（D）] <11.5000>： d

指定圆的直径 <23.0000>： 39　　　//绘制直径 39 的圆

4）设置线型为 CENTER。

5）以 o1 为圆心画半径 44 的辅助圆。

命令： circle

指定圆的圆心或 [三点（3P）/两点（2P）/切点、切点、半径（T）]： //捕捉 o1，单击

指定圆的半径或 [直径（D）] <19.5000>： 44　　//绘制半径 44 的圆

6）修剪掉辅助圆多余部分，辅助圆与定位轴线相交于 o2、o3 点。如图 2-42 所示。

7）设置线型为 Bylayer。

8）分别以 o2、o3 为圆心绘制半径为 4 和半径为 7 的圆，效果如图 2-43 所示。

命令： circle

指定圆的圆心或 [三点（3P）/两点（2P）/切点、切点、半径（T）]： //单击 o2

指定圆的半径或 [直径（D）] <44.0000>： 4

命令： circle

指定圆的圆心或 [三点（3P）/两点（2P）/切点、切点、半径（T）]： //单击 o2

指定圆的半径或 [直径（D）] <4.0000>： 7

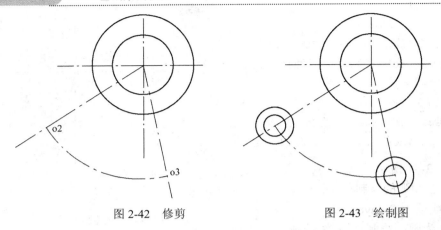

图 2-42　修剪　　　　　　　　　　图 2-43　绘制图

命令：circle

指定圆的圆心或 [三点（3P）/两点（2P）/切点、切点、半径（T）]：//单击 o3

指定圆的半径或 [直径（D）] <7.0000>：　4

命令：circle

指定圆的圆心或 [三点（3P）/两点（2P）/切点、切点、半径（T）]：//单击 o3

指定圆的半径或 [直径（D）] <4.0000>：　7

9）绘制圆弧组成的环。

命令：circle

指定圆的圆心或 [三点（3P）/两点（2P）/切点、切点、半径（T）]：t　　　//指定画圆方式为相切、相切、半径

指定对象与圆的第一个切点：　　　　　　　//捕捉切点 T1

指定对象与圆的第二个切点：　　　　　　　//捕捉切点 T2

指定圆的半径 <7.0000>：　指定第二点：　//单击 o1，再单击 T1 确定圆半径

命令：circle

指定圆的圆心或 [三点（3P）/两点（2P）/切点、切点、半径（T）]：t

指定对象与圆的第一个切点：　　　　　　　//捕捉切点 T3

指定对象与圆的第二个切点：　　　　　　　//捕捉切点 T4

指定圆的半径 <37.0000>：　指定第二点：　//单击 o1，再单击 T3

命令：circle

指定圆的圆心或 [三点（3P）/两点（2P）/切点、切点、半径（T）]：t

指定对象与圆的第一个切点：　　　　　　　//捕捉切点 T5

指定对象与圆的第二个切点：　　　　　　　//捕捉切点 T6

指定圆的半径 <51.0000>：　指定第二点：　//单击 o1，再单击 T5

命令：circle

指定圆的圆心或 [三点（3P）/两点（2P）/切点、切点、半径（T）]：t

指定对象与圆的第一个切点：　　　　　　　//捕捉切点 T7

指定对象与圆的第二个切点：   //捕捉切点 T8

指定圆的半径 <40.0000>：   指定第二点：   //单击 o1，再单击 T7

绘制结果如图 2-44（a）所示。

用 trim 命令修剪圆成如图 2-44（b）所示的效果。

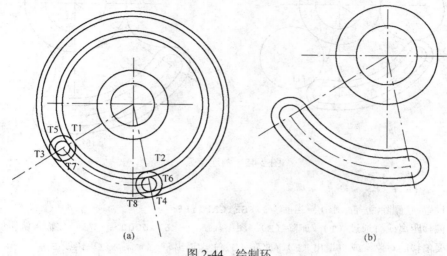

图 2-44 绘制环

10）画连接弧。

命令：circle

指定圆的圆心或 [三点（3P）/两点（2P）/切点、切点、半径（T）]：t

指定对象与圆的第一个切点：   //捕捉切点 T9

指定对象与圆的第二个切点：   //捕捉切点 T10

指定圆的半径 <48.0000>：15

命令：circle

指定圆的圆心或 [三点（3P）/两点（2P）/切点、切点、半径（T）]：t

指定对象与圆的第一个切点：   //捕捉切点 T11

指定对象与圆的第二个切点：   //捕捉切点 T12

指定圆的半径 <15.0000>：15

绘制结果如图 2-45（a）所示，修剪所画圆成连接弧如图 2-45（b）所示。

步骤 3：绘制倾斜图形

1）确定半径 6 的圆的圆心。

命令：offset

当前设置：删除源=否 图层=当前 OFFSETGAPTYPE=0

指定偏移距离或 [通过（T）/删除（E）/图层（L）] <8.0000>：67   //输入偏移量

选择要偏移的对象，或 [退出（E）/放弃（U）] <退出>：   //单击线 A

指定要偏移的那一侧上的点，或 [退出（E）/多个（M）/放弃（U）] <退出>：　//线 A 右侧单击
选择要偏移的对象，或 [退出（E）/放弃（U）] <退出>：　　　//回车结束偏移

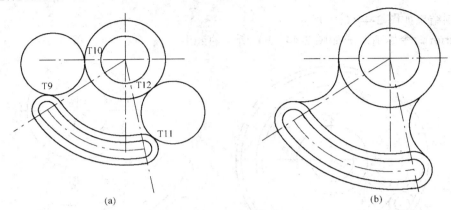

(a)   (b)

图 2-45　画连接弧

命令：offset
当前设置：　删除源=否　图层=当前　OFFSETGAPTYPE=0
指定偏移距离或 [通过（T）/删除（E）/图层（L）] <67.0000>：　3　//输入偏移量
选择要偏移的对象，或 [退出（E）/放弃（U）] <退出>：　　　　//单击线 B
指定要偏移的那一侧上的点，或 [退出（E）/多个（M）/放弃（U）] <退出>：　//线 B 上侧单击
选择要偏移的对象，或 [退出（E）/放弃（U）] <退出>：

2）绘制辅助线 L。

设置线型为 CENTER

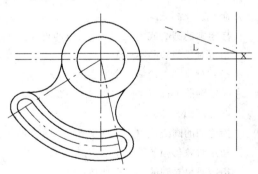

命令：line
指定第一点：　　　　　//捕捉交点 X
指定下一点或 [放弃（U）]：　@40<159
指定下一点或 [放弃（U）]：

绘制结果如图 2-46 所示，删除线 A、线
B 偏移所得的辅助线。

图 2-46　绘制辅助线

3）绘制 R6 的圆。

设置线型为 ByLayer。

命令：_circle
指定圆的圆心或 [三点（3P）/两点（2P）/切点、切点、半径（T）]：　//单击 X
指定圆的半径或 [直径（D）] <15.0000>：　6

4）修改坐标系。

指定 UCS 的原点或 [面（F）/命名（NA）/对象（OB）/上一个（P）/视图（V）/世界（W）

/X/Y/Z/Z 轴（ZA）] <世界>： ob

　　选择对齐 UCS 的对象：　　　　　　　　　　　//单击 L，修改坐标系

5）在新的坐标系下通过自动跟踪输入绘制圆。

命令： circle
指定圆的圆心或 ［三点（3P）/两点（2P）/切点、切点、半径（T）］： 35
//从 X 出发动态跟踪输入 35 确定第二个圆的圆心
指定圆的半径或 ［直径（D）］ <6.0000>： 6
绘制结果如图 2-47（a）所示。

6）通过偏移绘制两个 R6 圆的连接线。

命令： offset
当前设置： 删除源=否　图层=当前　OFFSETGAPTYPE=0
指定偏移距离或 ［通过（T）/删除（E）/图层（L）］ <通过>：　//直接回车使用通过方式偏移
选择要偏移的对象，或 ［退出（E）/放弃（U）］ <退出>：　　//单击 L
指定通过点或 ［退出（E）/多个（M）/放弃（U）］ <退出>：　//捕捉圆的 90° 象限点
选择要偏移的对象，或 ［退出（E）/放弃（U）］ <退出>：　　//单击 L
指定通过点或 ［退出（E）/多个（M）/放弃（U）］ <退出>：　//捕捉圆的 270° 象限点
选择要偏移的对象，或 ［退出（E）/放弃（U）］ <退出>：　　//回车结束偏移

将偏移出来的线线型修改为 ByLayer，修剪圆和连接线成图 2-47（b）所示。

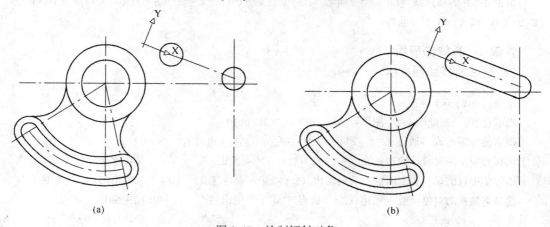

　　　　(a)　　　　　　　　　　　　　　　　　　　　　　(b)

图 2-47　绘制倾斜对象

7）绘制 R12 与 R39 两圆的连接线。

命令： _circle
指定圆的圆心或 ［三点（3P）/两点（2P）/切点、切点、半径（T）］：　//捕捉 R6 的圆心
指定圆的半径或 ［直径（D）］ <12.0000>： 12　//绘制 R12 的圆

命令：offset

当前设置：删除源=否 图层=当前 OFFSETGAPTYPE=0

指定偏移距离或 [通过（T）/删除（E）/图层（L）] <通过>：

选择要偏移的对象，或 [退出（E）/放弃（U）] <退出>：　//两个 R6 圆的连接线

指定通过点或 [退出（E）/多个（M）/放弃（U）] <退出>：　//R12 圆的 270° 象限点

选择要偏移的对象，或 [退出（E）/放弃（U）]

<退出>：　//回车结束偏移

命令：circle

指定圆的圆心或 [三点（3P）/两点（2P）/

切点、切点、半径（T）]：t

指定对象与圆的第一个切点：　//在 L1 上捕

捉切点

指定对象与圆的第二个切点：　//在 R39 的

圆上捕捉切点

指定圆的半径 <12.0000>：10

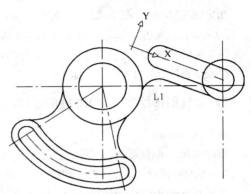

图 2-48　绘制两圆的连接线

绘制效果如图 2-48 所示。

8）将坐标系改回世界坐标系。

命令：ucs

当前 UCS 名称：*没有名称*

指定 UCS 的原点或 [面（F）/命名（NA）/对象（OB）/上一个（P）/视图（V）/世界（W）/X/Y/Z/Z 轴（ZA）] <世界>：w

步骤 4：直线的应用

1）通过偏移绘制直线。

命令：offset

当前设置：删除源=否 图层=当前 OFFSETGAPTYPE=0

指定偏移距离或 [通过（T）/删除（E）/图层（L）] <通过>：　43

选择要偏移的对象，或 [退出（E）/放弃（U）] <退出>：　　//单击水平轴线 B

指定要偏移的那一侧上的点，或 [退出（E）/多个（M）/放弃（U）] <退出>：　//上侧单击

选择要偏移的对象，或 [退出（E）/放弃（U）] <退出>：　　//回车结束偏移

命令：offset

当前设置：删除源=否 图层=当前 OFFSETGAPTYPE=0

指定偏移距离或 [通过（T）/删除（E）/图层（L）] <43.0000>：　15

选择要偏移的对象，或 [退出（E）/放弃（U）] <退出>：　//单击垂直轴线 A

指定要偏移的那一侧上的点，或 [退出（E）/多个（M）/放弃（U）] <退出>：　//左侧单击

选择要偏移的对象，或 [退出（E）/放弃（U）] <退出>：

设置两线的线型为 ByLayer

2）延伸使两线相交。

命令：extend

当前设置：投影=UCS，边=无

选择边界的边…

选择对象或 <全部选择>：　找到 1 个　　//单击水平轴线偏移所得直线，回车确定

选择对象：

选择要延伸的对象，或按住 Shift 键选择要修剪的对象，或[栏选（F）/窗交（C）/投影（P）/边（E）/放弃（U）]：　　　　//单击垂直轴线偏移所得直线的上端

选择要延伸的对象，或按住 Shift 键选择要修剪的对象，或[栏选（F）/窗交（C）/投影（P）/边（E）/放弃（U）]：　　　　//回车结束命令

3）偏移得右边界。

命令：offset

当前设置：删除源=否 图层=源 OFFSETGAPTYPE=0

指定偏移距离或 [通过（T）/删除（E）/图层（L）] <68.0000>：　68

选择要偏移的对象，或 [退出（E）/放弃（U）]<退出>：　　//单击垂直轴线偏移所得直线

指定要偏移的那一侧上的点，或 [退出（E）/多个（M）/放弃（U）] <退出>：//右侧单击

选择要偏移的对象，或 [退出（E）/放弃（U）]<退出>：　//回车结束偏移

修剪掉多余线段后的效果如图 2-49 所示。

命令：circle

指定圆的圆心或 [三点（3P）/两点（2P）/切点、切点、半径（T）]：t

指定对象与圆的第一个切点：　　　　//在上步所得直线上捕捉切点

指定对象与圆的第二个切点：　　　//在 R12 的圆上捕捉切点

指定圆的半径 <10.0000>：15

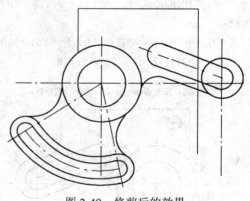

图 2-49　修剪后的效果

效果如图 2-50（a）所示，修剪后如图 2-50（b）所示。

步骤 5：矩阵的应用

1）D8 圆的绘制。

命令：offset

当前设置：删除源=否 图层=源 OFFSETGAPTYPE=0

指定偏移距离或 [通过（T）/删除（E）/图层（L）] <68.0000>：　8

选择要偏移的对象，或 [退出（E）/放弃（U）] <退出>：　　//单击连接件上边界

指定要偏移的那一侧上的点，或 [退出（E）/多个（M）/放弃（U）] <退出>：　//下侧单击

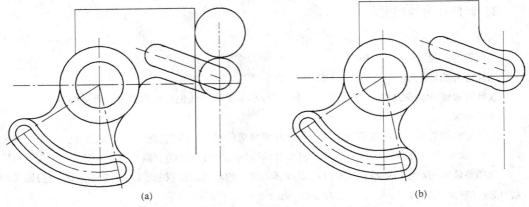

图 2-50　效果

选择要偏移的对象，或 [退出（E）/放弃（U）] <退出>：　　　//单击联接件左边界
指定要偏移的那一侧上的点，或 [退出（E）/多个（M）/放弃（U）] <退出>：　//右侧单击
命令：circle
指定圆的圆心或 [三点（3P）/两点（2P）/切点、切点、半径（T）]：　//以上述两线交点
为圆心
指定圆的半径或 [直径（D）] <15.0000>：d　　//直径绘制方式
指定圆的直径 <30.0000>：8

修剪辅助线如图 2-51（a）所示。

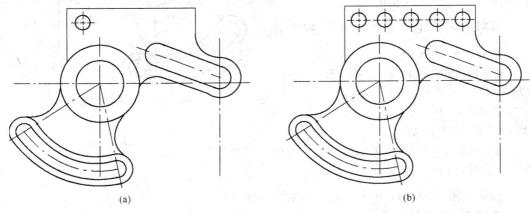

图 2-51　修剪

2）阵列的设置。

执行"修改"|"阵列"命令或在命令行输入命令 array，都可打开如图 2-52 所示的"阵列"对话框。选中"矩形阵列"单选按钮，设置行数为 1，列数为 5，行偏移量 0，列偏移量 13。单击"选择对象"按钮回到模型空间，用框选或交选选择 D8 的圆，按回车键回到"阵列"对话框，单击"确定"按钮，生成如图 2-51（b）所示的图形。

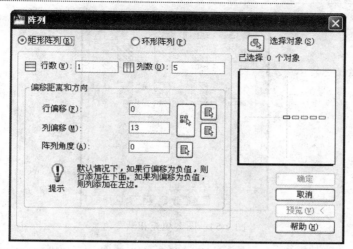

图 2-52　"阵列"对话框

步骤 6：填充

1）执行"绘图"|"图案填充"命令或使用命令 behatch，都可打开如图 2-53 所示的"图案填充和渐变色"对话框。

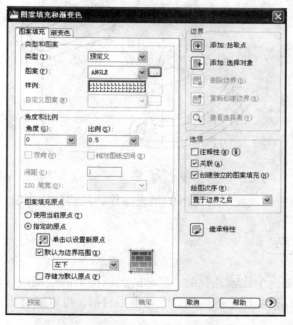

图 2-53　"图案填充和渐变色"对话框

2）单击"图案"下拉列表框后的▭按钮，打开如图 2-54 所示的"填充图案选项板"对话框。选择"ANSI"选项卡中的"ANSI31"图案，单击"确定"按钮回到"图案填充和渐变色"对话框。

图 2-54　图案填充和渐变色

3）将填充比例设置为 0.5，单击"添加.拾取点"按钮，回到模型空间，单击如图 2-55 所示的填充 1 和填充 2 内部选取图形。按回车键完成选择，回到"图案填充和渐变色"对话框。

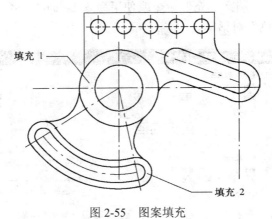

图 2-55　图案填充

4）单击"确定"按钮完成对图形的填充操作。最终完成项目。

2.4　项目总结

本项目主要通过一个比较完整的、复杂的机械图形的绘制进一步描述了线、圆等基本二维图形绘制工具在实战中的应用。学习本项目后，可以领会更多的图形绘制方法和技巧。

2.5　思考与练习

1．用多段线命令可以绘制哪几种形式的线？

2．在创建面域时，源对象会被删除，用户如何保留源对象？

3．操作题：建筑平面图的绘制。利用多线及多线编辑命令完成如图 2-56 所示的建筑平面图的绘制。

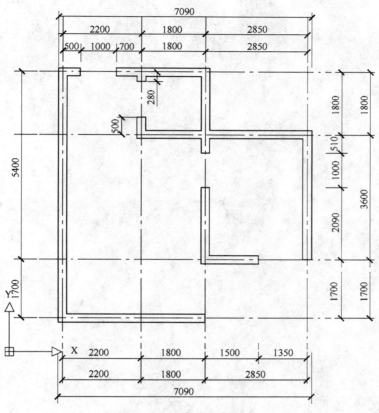

图 2-56　建筑平面图

第 **3** 章

二维图形的编辑

在 CAD 软件的使用过程中，虽然一直说是画图，但实际上大部分都是在编辑图形。因为编辑图形可以降低绘制图形不准确的几率，并且可以在一定程度上提高效率。本章节主要介绍二维图形的编辑操作，图形编辑操作的所有知识点将贯穿于下面给出的几个案例。

 **3.1 知识链接**

本章主要介绍二维图形的编辑操作，其中会涉及如下一些知识点。

1）对象的选取：常用的方法包括"直接点选"和"窗选图形"；不常用的包括"栏选图形"和"组选图形"等。

2）放弃和重做图形。

3）绘制相同的图形：包括"复制"、"镜像"、"阵列"、"偏移"。

4）改变图形的位置、大小：包括"移动"、"旋转"、"缩放"、"拉伸"、"拉长"。

5）修改图形：包括"修剪"、"延伸"、"打断"、"合并"、"分解"、"倒角"、"圆角"。

6）夹点编辑。

7）线性编辑：包括"编辑多线段"、"编辑样条曲线"、"编辑多线"。

8）对象特性编辑：包括"对象特性"、"特性匹配"。

下面分别对这些知识进行介绍。

3.1.1 对象的选取

AutoCAD 包含多种选择图形的方法，经常会使用的是"直接点选"和"窗选图形"两种，其他的还包括"栏选图形"和"组选图形"等，这里对前面两种方式进行简要介绍。

1. 直接点选

找到要编辑的对象，直接单击，即可选中这个图形。按空格或 Enter 键结束对图形的选择，进入下一步操作，按 Esc 键可取消对图形的选择。被选中的图形为虚线，并显示夹点。如需要同时选择多个图形，则连续单击需要选择的图形即可。

2. 窗选图形

当需要对较多的图形进行操作时，采用上面的方式就不合适了，而 AtuoCAD 提供了两种窗选图形的方式，即矩形窗选和交叉窗选。

（1）矩形窗选

当命令行提示"选择对象"时，将鼠标放在目标图形的左上方，按住鼠标左键向右下方拖动，即可出现一个矩形的方框。让方框把需要选择的对象全部包含进去，当释放鼠标后，被方框完全包围的对象即可被选中，如图 3-1 所示。

（2）交叉窗选

当命令行提示"选择对象"时，将鼠标放在目标图形的右下方，按住鼠标左键向左上方拖动，即可出现一个虚线显示的矩形方框，当释放鼠标后，被方框完全包围和与方框相交的对象都会被选中，如图 3-2 所示。

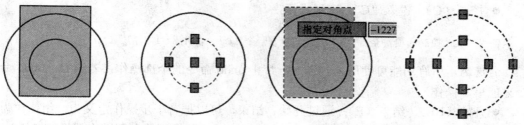

图 3-1　矩形窗选及选中结果　　　　　　图 3-2　交叉窗选及选中结果

注意：矩形窗选为实线框，交叉窗选为虚线框。同样大小的矩形框中的区域，两种窗选的结果是不一样，注意它们的差别。

3.1.2　辅助编辑命令

AutoCAD 除了常用的形体编辑命令外，还有一些常用的辅助编辑命令。如在进行 CAD 作图的过程中，难免会出现失误的操作，使用 AutoCAD 提供的放弃和重做操作，可以将这些错误的操作撤销；又如在绘制图形时，有时需要准确知道点坐标、点与点之间的距离、闭合图形的面积等，可以使用测量点坐标、测量距离、测量面积等辅助命令来实现。

1．放弃

使用放弃命令 undo，可以撤销之前进行的一个或多个操作。在 AutoCAD 中，大部分的命令都有几种调用方式，与下述的 undo 命令的调用方式类似。

1）菜单栏：执行"编辑"|"放弃"命令。

2）工具栏：在工具栏中单击"放弃"按钮 。

3）命令行：在命令行中直接输入 undo 命令。

4）组合键：按 Ctrl+Z 组合键。

命令行操作如下所示。

命令：undo
当前设置：自动＝开，控制＝全部，合并＝是，图层＝是
输入要放弃的操作数目或 [自动（A）/控制（C）/开始（BE）/结束（E）/标记（M）/后退（B）] <1>:
RECTANG GROUP

上述命令执行的结果是将上一步操作绘制的一个矩形撤销。

undo 命令各选项含义如下。

● 自动（A）：键入"A"，出现提示：

输入 undo 自动模式 [开（ON）/关（OFF）] <开>:

当设为开（ON）时，则选用任一菜单项后，无论它包含了多少个步骤，只要执行一次 undo，则将所有的步骤一次撤销；若设为关（OFF）时，上述内容只能一步步撤销。

● 控制（C）：键入"C"，出现提示：

输入 undo 控制选项 [全部（A）/无（N）/一个（O）/合并（C）/图层（L）] <全部>：

若选 A，所有功能可使用；若选 N，禁止 undo 命令的全部操作；若选 O，undo 命令只能单步操作。

● 开始（BE）、结束（E）：通过开始、结束，可以把若干步操作定义为一组，作为 undo 命令的操作对象。只要执行一次 undo，则这一组所执行的全部操作都将被撤销。

● 标记（M）、后退（B）：在编辑的过程中可以通过 M 选项设置标记点，以后可以执行 undo；后退（B）返回到标记位置，即取消从上个标记开始的所有操作。

2. 重做

redo 命令是放弃 undo 命令的逆操作。它可以恢复上一个 Undo 命令放弃的操作，redo 命令的调用方式如下。

1）菜单栏：执行"编辑"|"重做"命令。
2）工具栏：在工具栏中单击"重做"按钮。
3）命令行：在命令行中直接输入 redo 命令。
4）组合键：按 Ctrl+Y 组合键。

命令行操作如下所示。

命令：redo
GROUP RECTANG
所有操作都已重做

通过 redo，恢复了刚才 undo 撤销的矩形。

注意：通过下面的操作可以看到，redo 命令必须在 undo 命令后立即执行，中间不能有其他操作。在本例中，执行 undo 命令后，出现了一次自动存盘，此时再输入 redo 命令，却不能恢复刚才 undo 命令撤销的椭圆。

命令：undo
当前设置：自动=开，控制=全部，合并=是，图层=是
输入要放弃的操作数目或 [自动（A）/控制（C）/开始（BE）/结束（E）/标记（M）/后退（B）] <1>：
ELLIPSE GROUP
自动保存到 C:\Documents and Settings\Administrator\local
settings\temp\Drawing1_1_1_8467.sv$ ...
命令：
命令：redo
REDO 必须在 U 或 UNDO 命令后立即执行。

命令：

REDO REDO 必须在 U 或 UNDO 命令后立即执行。

3．测量点坐标

id 命令可在绘图过程中查询点的坐标，使用它有利于精确定位图形。该命令常和目标捕捉配合使用。id 命令的调用方式如下。

1）菜单栏：执行"工具"｜"查询"｜"点坐标"命令。

2）工具栏：在工具栏的"实用工具"中单击按钮 。

3）命令行：在命令行中直接输入 id 命令。

测量 A 点坐标，命令操作如下所示。

```
命令： id
指定点：  X = 1208.6808    Y = 1191.7965    Z = 0.0000
```

4．测量距离

dist 命令可在绘图过程中查询 2D 或 3D 点之间的距离，该命令常和目标捕捉配合使用。dist 命令的调用方式如下。

1）菜单栏：执行"工具"｜"查询"｜"距离"命令。

2）工具栏：在工具栏中单击"测量"，再单击按钮 。

3）命令行：在命令行中直接输入 distance（dist）命令。

测量一线段距离，命令操作如下所示。

```
命令： dist
指定第一点：
指定第二个点或 [多个点（M）]：
距离 = 468.7079，XY 平面中的倾角 = 0，   与 XY 平面的夹角 = 0
X 增量 = 468.7079，  Y 增量 = 0.0000，  Z 增量 = 0.0000
```

5．测量面积

area 命令可计算出圆、多边形或闭合曲线的面积和周长，该命令常和目标捕捉配合使用。area 命令的调用方式如下。

1）菜单栏：执行"工具"｜"查询"｜"面积"命令。

2）工具栏：在工具栏中单击"测量"，再单击按钮 。

3）命令行：在命令行中直接输入 area 命令。

测量一矩形周长和面积，命令操作如下所示。

```
命令： area
指定第一个角点或 [对象（O）/增加面积（A）/减少面积（S）] <对象（O）>：
```

指定下一个点或 [圆弧（A）/长度（L）/放弃（U）]:

指定下一个点或 [圆弧（A）/长度（L）/放弃（U）]:

指定下一个点或 [圆弧（A）/长度（L）/放弃（U）/总计（T）] <总计>:

指定下一个点或 [圆弧（A）/长度（L）/放弃（U）/总计（T）] <总计>:

面积 = 130554.4476，周长 = 1494.4982

3.1.3 绘制相同的图形

在使用 AutoCAD 制图的过程中，经常会遇到需要绘制多个相同的图形的情况，这些图形的完成可以使用复制、镜像、阵列、偏移等命令。如本案例制图的操作中就用到了这些方法，下面分别进行介绍。

1. 复制

使用复制命令可以绘制出多个与原图形完全相同的图形。本命令的调用方式如下。

1）菜单栏：执行"修改"|"复制"命令。

2）工具栏：在工具栏中单击"复制"按钮%。

3）命令行：在命令行中直接输入 copy（CO）命令。

命令行操作如下所示。

命令: copy

选择对象: 指定对角点: 找到 6 个

选择对象:

当前设置: 复制模式=多个

指定基点或 [位移（D）/模式（O）] <位移>:

指定第二个点或 <使用第一个点作为位移>:

指定第二个点或 [退出（E）/放弃（U）] <退

出>:

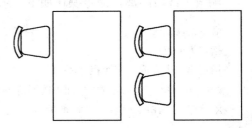

图 3-3 复制前后效果对比

复制前后的效果如图 3-3 所示。通过上述操作，可将餐桌中的餐椅复制出一把。

2. 镜像

使用镜像命令可以绘制出与原图形对称的图形。本命令的调用方式如下。

1）菜单栏：执行"修改"|"镜像"命令。

2）工具栏：在工具栏中单击"镜像"按钮▲。

3）命令行：在命令行中直接输入 mirror（MI）命令。

命令行操作如下所示。

命令：mi
mirror
选择对象：找到 1 个
选择对象：找到 1 个，总计 2 个
选择对象： 指定镜像线的第一点： 指定镜像线的第二点：
要删除源对象吗？[是（Y）/否（N）] <N>：n
这里的镜像线即对称轴线，该轴线可以是任意方向的，所选对象依据轴线对称排列。
镜像前后的效果如图 3-4 所示。通过上述操作，可绘制出餐桌中另一面的两把餐椅。

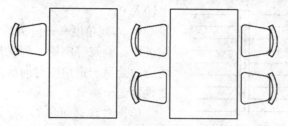

图 3-4　镜像前后效果对比

3．阵列

在使用 AutoCAD 绘图中，经常会遇到需要绘制具有一定规律的相同的图形。如会议室、演讲厅、剧院里座椅、楼梯的台阶等。使用阵列命令可以方便高效地完成这些操作。阵列命令有如下几种调用方法。

1）菜单栏：执行"修改"|"阵列"命令。

2）工具栏：在工具栏中单击"阵列" ⊞ 按钮。

3）命令行：在命令行中直接输入 array（AR）命令。

执行上述任一命令后，会打开如图 3-5 所示的"阵列"对话框。这里存在两种阵列方式，即"矩形阵列"和"环形阵列"。下面分别进行详细介绍。

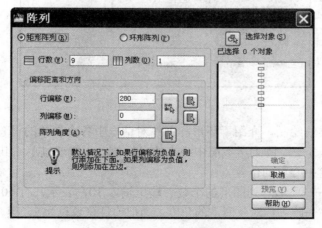

图 3-5　"阵列"对话框

（1）矩形阵列

在绘制楼梯时，首先绘制最下面的一条线，其他踏步绘制就可以采用矩形阵列的方式来完成。下面结合实际介绍"矩形阵列"对话框中各个参数的设置。

● 行数、列数——阵列后对象的行、列数目。这里输入 9 和 1，完成后的楼梯有 9 级 1 列。

● 行偏移——阵列后对象行与行之间的距离，可以是负值，表示阵列方向向下。这里输入 280，即楼梯踏步间的宽度为 280。

● 列偏移——阵列后对象列与列之间的距离，可以是负值，表示阵列方向向左。这

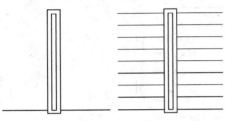

里输入 0。

● 阵列角度——阵列后图形旋转的角度。如演讲厅、剧院等座椅排列就是中间的正对前方，两边的会呈一定角度对向前方。绘制此类图时就要设置这个参数了。

单击"选择对象"，选中最下面的那条线，再单击"确定"按钮，得到如图 3-6 所示的阵列完成后的效果图。

图 3-6　矩形阵列前后效果对比

（2）环形阵列

在绘制圆形餐桌椅图形时，自然会用"环形阵列"来完成。在弹出"阵列"对话框时，单击"环形阵列"单选按钮，出现如图 3-7 所示的对话框。

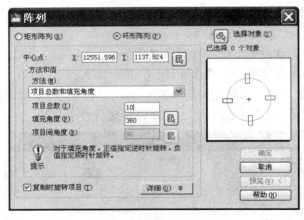

图 3-7　"阵列"对话框

下面结合餐桌的绘制，介绍"环形阵列"对话框中各个参数的设置。

● 中心点 X、Y——阵列所参照中心点的坐标值，一般通过单击其右方的"拾取中心点"按钮来指定中心点的位置。

● 项目总数——环形阵列图形的个数。这里输入 10，表示共有 10 把餐椅。

● 填充角度——阵列后对象所占的角度。当把项目总数设为 5，填充角度设为 180° 时，可以看到其效果。

● 项目间角度——默认情况下，对象间的角度是等分的，如果需要特殊的值，可以在这里输入。

单击"选择对象"按钮，选中餐椅，再单击"确定"按钮，得到如图 3-8 所示的阵列 180°和 360°后的效果图。

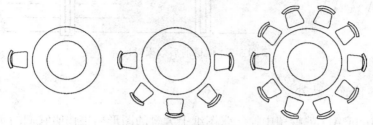

图 3-8　环形阵列前、180°、360°效果对比

4.偏移

在使用 AutoCAD 绘图中，经常会遇到需要绘制一些与所选对象平行或具有同心结构的图形。如体育场的跑道、餐椅的椅背、楼梯的梯步等。使用偏移命令可以方便高效地完成这些操作。偏移命令有如下几种调用方法。

1）菜单栏：执行"修改"|"偏移"命令。

2）工具栏：在工具栏中单击"偏移"按钮 。

3）命令行：在命令行中直接输入 offset（O）命令。

楼梯的绘制也可采用偏移命令来实现。在输入偏移量 280 后，利用鼠标控制偏移方向，通过四次偏移，将扶手两边的楼梯分别向上增加两个梯步。椅背的操作类似。其效果如图 3-9 所示。

命令行操作如下所示。

```
命令: _offset
当前设置: 删除源=否 图层=源 OFFSETGAPTYPE=0
指定偏移距离或 [通过（T）/删除（E）/图层（L）] <200.0000>: 280
选择要偏移的对象，或 [退出（E）/放弃（U）] <退出>:
选择要偏移的对象，或 [退出（E）/放弃（U）] <退出>:
指定要偏移的那一侧上的点，或 [退出（E）/多个（M）/放弃（U）] <退出>:
选择要偏移的对象，或 [退出（E）/放弃（U）] <退出>:
指定要偏移的那一侧上的点，或 [退出（E）/多个（M）/放弃（U）] <退出>:
选择要偏移的对象，或 [退出（E）/放弃（U）] <退出>:
指定要偏移的那一侧上的点，或 [退出（E）/多个（M）/放弃（U）] <退出>:
选择要偏移的对象，或 [退出（E）/放弃（U）] <退出>:
指定要偏移的那一侧上的点，或 [退出（E）/多个（M）/放弃（U）] <退出>:
选择要偏移的对象，或 [退出（E）/放弃（U）] <退出>:
```

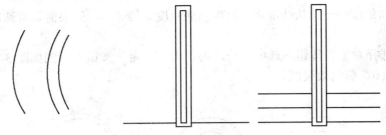

图 3-9　偏移前后效果对比

3.1.4　图形的位置、大小

在使用 AutoCAD 的绘图中，一张图纸上大量的图形如果按照它们的实际位置、大小比例来一个个绘制，会降低效能。在实际操作中，对这些对象可以在绘图区的任何位置、以任何大小来绘制。完成后只要通过"移动"、"旋转"、"缩放"、"拉伸"等操作，将它们放在正确的位置和大小即可。下面分别进行介绍。

1．移动

移动是在图形编辑中运用很频繁的操作，移动图形可以把单个或多个图形从当前位置移动至需要的新位置。移动图形命令有如下几种调用方法。

1）菜单栏：执行"修改" | "移动"命令。

2）工具栏：在工具栏中单击"移动"按钮✛。

3）命令行：在命令行中直接输入 move（M）命令。

命令行操作如下所示。

命令：m
MOVE
选择对象：　指定对角点：　找到 7 个
选择对象：
指定基点或 [位移（D）] <位移>：
指定第二个点或 <使用第一个点作为位移>：

在绘制餐椅时，椅背是在绘图区任意一个位置完成的，通过移动组成了一把完整的椅子。如图 3-10所示。

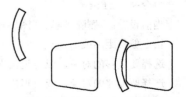

图 3-10　移动前后效果对比

2．旋转

旋转命令可以将图形按照某个基点进行旋转，这个操作在进行图形编辑中也会经常用到。旋转图形命令有如下几种调用方法。

1）菜单栏：执行"修改" | "旋转"命令。

2）工具栏：在工具栏中单击"旋转"按钮 ↺ 。

3）命令行：在命令行中直接输入 rotate（RO）命令。

命令行操作如下所示。

```
命令: ro
ROTATE
UCS 当前的正角方向:  ANGDIR=逆时针  ANGBASE=0
选择对象: 指定对角点: 找到 6 个
选择对象:
指定基点:
指定旋转角度,或 [复制(C)/参照(R)]<90>: -90
```

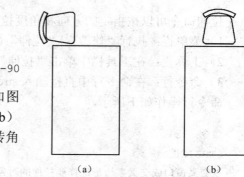

在绘制餐桌图形时，餐椅经过移动后如图 3-11（a）所示，再经过旋转操作如图 3-11（b）所示。这里旋转基点选在椅子的右下角，旋转角度为负值则顺时针旋转。

（a）　　　　　　（b）

图 3-11　旋转前后效果对比

3．缩放

缩放图形会改变图形的整体大小，但不改变图形的整体形状。缩放图形命令有如下几种调用方法。

1）菜单栏：执行"修改"|"缩放"命令。

2）工具栏：在工具栏中单击"缩放"按钮 ▣ 。

3）命令行：在命令行中直接输入 scale（SC）命令。

命令行操作如下所示。

```
命令: sc
SCALE
选择对象: 指定对角点: 找到 6 个
选择对象:
指定基点:
指定比例因子或 [复制(C)/参照(R)] <1.0000>:  c
缩放一组选定对象。
指定比例因子或 [复制(C)/参照(R)] <1.0000>:  2
命令: sc
SCALE
选择对象: 指定对角点: 找到 6 个
选择对象:
指定基点:
指定比例因子或 [复制(C)/参照(R)] <2.0000>:  2
```

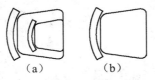

（a）　　　　　（b）

图3-12　不同缩放方式效果对比

对餐椅进行缩放操作，第一次采用复制方式，原图形和放大一倍后的图形同时存在，如图 3-12（a）所示。第二次直接将图形放大 1 倍，如图 3-12（b）所示。比例因子为 0～1，图形缩小；比例因子＞1，图形放大。

4．拉伸

拉伸命令可以按指定的方向和角度拉伸和缩短图形。此命令有如下几种调用方法。

1）菜单栏：执行"修改"|"拉伸"命令。

2）工具栏：在工具栏中单击"拉伸"按钮 🖼。

3）命令行：在命令行中直接输入 stretch（ST）命令。

命令行操作如下所示。

命令：s
STRETCH
以交叉窗口或交叉多边形选择要拉伸的对象...
选择对象：指定对角点：找到 12 个
选择对象：
指定基点或 [位移（D）] <位移>：
指定第二个点或 <使用第一个点作为位移>：　200

对餐椅进行拉伸操作，以中心点为基点向右拉伸 200，效果如图 3-13 所示。

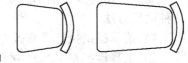

图3-13　拉伸前后效果对比

5．拉长

拉长命令可以拉长或缩短线段的长度或改变圆弧的圆心角。此命令可以直接输入参数或通过鼠标动态地改变对象长度或角度。此命令有如下几种调用方法。

1）菜单栏：执行"修改"|"拉长"命令。

2）工具栏：在工具栏中单击"拉长"按钮。

3）命令行：在命令行中直接输入 lengthen（LEN）命令。

3.1.5　图形的修改

对图形的修改主要包括"修剪、延伸、打断、合并、倒角、圆角、分解"等命令，下面分别进行介绍。

1．修剪

修剪命令可以将不需要的图形修剪掉。此命令有如下几种调用方法。

1）菜单栏：执行"修改"|"修剪"命令。

2）工具栏：在工具栏中单击"修剪"按钮 ✚。

3）命令行：在命令行中直接输入 trim（TR）命令。

2．延伸

延伸命令可以将对象延长到指定的边界。此命令有如下几种调用方法。

1）菜单栏：执行"修改"|"延伸"命令。

2）工具栏：在工具栏中单击"延伸"按钮 ✚。

3）命令行：在命令行中直接输入 extend（EX）命令。

如在绘制楼梯踏步时，除了使用前面介绍的"阵列"和"偏移"来完成外，也可以通过直接绘制线条来完成。绘制直线的时候没必要很仔细地将线条的两端正好与扶手和墙相交。可以绘制任意长度，如果超出了，采用修剪把超出部分剪掉；如果长度不够，可以采用延伸把线条延长到与两边相交。

3．打断

打断可以将对象在特殊点断开形成两个对象。此命令有如下几种调用方法。

1）菜单栏：执行"修改"|"打断"命令。

2）工具栏：在工具栏中单击"打断"按钮 ▢ 或"打断于点"按钮 ▢。

3）命令行：在命令行中直接输入 break（BR）命令。

打断命令有下面两种方式。

将对象打断于一点是指将一个对象分离成两个独立的对象，被打断的对象之间没有空隙，即无缝断开。

以两点方式打断对象是指在对象上创建两个打断点，使对象以一定的距离断开。

注意：对圆的打断是逆时针删除打断的图形部分。注意操作顺序，不要把不该剪掉的部分剪掉。

4．合并

使用合并命令可以连接某一连续图形上的两个部分或将某段圆弧闭合为整圆。此命令有如下几种调用方法。

1）菜单栏：执行"修改"|"合并"命令。

2）工具栏：在工具栏中单击"合并"按钮 ✚。

3）命令行：在命令行中直接输入 join（J）命令。

5．分解

在使用 AutoCAD 绘图中，经常会遇到需要对块等组合对象中的某个对象进行单独编辑的情况，这时就需要使用分解命令将组合对象分解为单独的对象来进行处理。此命令有如下几种调用方法。

1）菜单栏：执行"修改"|"分解"命令。

2）工具栏：在工具栏中单击"分解"按钮 📾 。

3）命令行；在命令行中直接输入 explode 命令。

6．倒角

倒角命令可以将两条相交的直线以斜角边的形式连接到一起。在实际应用中，为了增加美感，许多图形都会进行倒角处理，如长方形的餐桌、零部件等。倒角的对象只能是直线、多线段等，不能是圆弧或椭圆弧。此命令有如下几种调用方法。

1）菜单栏：执行"修改"|"倒角"命令。

2）工具栏：在工具栏中单击"倒角"按钮 🔲 。

3）命令行：在命令行中直接输入 chamfar（CHA）命令。

7．圆角

与倒角命令类似，应用的场合也类似，通过一个自由指定半径的圆弧将两条相交的直线连接起来。此命令有如下几种调用方法。

1）菜单栏：执行"修改"|"圆角"命令。

2）工具栏：在工具栏中单击"圆角"按钮 🔲 。

3）命令行：在命令行中直接输入 fillet（F）命令。

3.1.6　夹点编辑

夹点编辑是 AutoCAD 中一种快速编辑图形的方法，通过使用夹点编辑，可快速完成使用最频繁的拉伸、移动、旋转、缩放及镜像等命令的操作。

1．夹点的基本概念

夹点就是对象上的控制点，也是特征点。选择对象时，在对象上将显示出若干个蓝色实心小方框（默认），这些小方框用来标记被选中对象的夹点。夹点的外观可以调整，执行"工具"|"选项"对话框，在"选择集"选项卡中设置夹点的显示，还可以设置代表夹点的小方格的尺寸和颜色。如图 3-14 所示。

对不同的对象来说，用来控制其特征夹点的位置和数量也不相同。表 3-1 列出了 AutoCAD 中常见对象的夹点特征。

2．使用夹点编辑图形

在 AutoCAD 2010 中，夹点是一种集成的编辑模式，具有非常实用的功能，它为用户提供了一种方便快捷的编辑操作途径。使用夹点可以对对象进行拉伸、移动、旋转、缩放及镜像等操作。

（1）使用夹点拉伸对象

在不执行任何命令的情况下选择对象，显示其夹点，然后单击其中一个夹点，该夹点将被作为拉伸的基点。

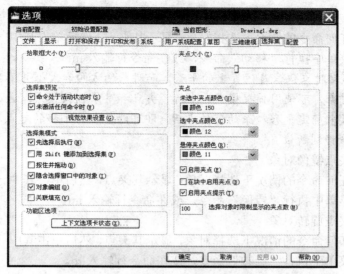

图 3-14　"选择集"选项卡

表 3-1　AutoCAD 中常见对象类型的夹点特征

对象类型	夹点特征
直线	两个端点和中点
多段线	直线段的两端点、圆弧段的中点和两端点
构造线	控制点以及线上的邻近两点
射线	起点及射线上的一个点
多线	控制线上的两个端点
圆弧	两个端点和中点
圆	四个象限点和圆心
椭圆	四个顶点和中心
椭圆弧	端点、中点和中心点
区域填充	各个顶点
文字	插入点和第二个对齐点（如果有的话）
段落文字	各顶点
属性	插入点
形	插入点
三维网络	网格上的各个顶点
三维面	周边点
线性标注、对齐标注	尺寸线和尺寸界线的端点、尺寸文字的中心点
角度标注	尺寸线端点和和指定尺寸标注弧的端点、尺寸文字的中心点
半径标注、直径标注	半径或直径标注的端点、尺寸文字的中心点
坐标标注	被标注点、用户指定的引出线端点和尺寸文字的中心点

（2）使用夹点移动对象

在不执行任何命令的情况下选择对象，显示其夹点，然后单击其中一个夹点，右击，在弹出的快捷菜单中执行"移动"命令，或在命令行输入 m。

注意：移动对象仅仅是位置上的平移，而对象的方向和大小并不会被改变。要非常精确地移动对象，可使用捕捉模式、坐标、夹点和对象捕捉模式。通过输入点的坐标或拾取点的方式来确定平移对象的目的点后，即可以基点为平移的起点，以目的点为端点将所选对象平移到新位置。

（3）使用夹点镜像对象

在不执行任何命令的情况下选择对象，显示其夹点，然后单击其中一个夹点，右击，在弹出的快捷菜单中执行"镜像"命令，或在命令行输入 mi。

（4）使用夹点旋转对象

在不执行任何命令的情况下选择对象，显示其夹点，然后单击其中一个夹点，右击，在弹出的快捷菜单中执行"旋转"命令，或在命令行输入 ro。

（5）使用夹点缩放对象

在不执行任何命令的情况下选择对象，显示其夹点，然后单击其中一个夹点，右击，在弹出的快捷菜单中执行"缩放"命令，或在命令行输入 sc。

试一试：绘制几个图形，使用夹点编辑命令对其进行拉伸、旋转、移动、缩放和镜像操作。结合前面介绍的编辑命令，与夹点编辑命令比较，看它们有何异同。

3.1.7 线性编辑

1. 编辑多段线

在 AutoCAD 中，可以使用编辑多段线命令来修改任何多段线和多段线形体。执行"修改"|"对象"|"多段线"，或在命令行输入 pedit（PE）命令。执行后命令行显示如下。

```
命令：pe
PEDIT 选择多段线或 [多条（M）]：
输入选项 [闭合（C）/合并（J）/宽度（W）/编辑顶点（E）/拟合（F）/样条曲线（S）/非
曲线化（D）/线型生成（L）/反转（R）/放弃（U）]：
```

命令中主要选项的含义如下所列。

● 合并——可将多个对象连成一条完整的多段线，条件为选择的对象是首尾相连的。

● 编辑顶点——用于编辑多段线的顶点。

● 拟合——系统用圆弧组成的光滑曲线拟合多段线。

● 样条曲线——系统用样条曲线拟合多段线，拟合后的多段线可以用 spline 命令转换为真正的样条曲线。

● 非曲线化——可以将多段线中的曲线转换成直线，同时保留顶点的所有切线信息。

2. 编辑样条曲线

在 AutoCAD 中，可以使用编辑样条曲线命令来修改样条曲线。执行"修改"|"对象"|"样条曲线"命令，或在命令行输入 splinedit 命令。执行后的命令行显示如下。

命令：_splinedit
选择样条曲线：
输入选项 [拟合数据（F）/闭合（C）/移动顶点（M）/优化（R）/反转（E）/转换为多段线（P）/放弃（U）]：

命令中主要选项的含义如下所列。
● 拟合数据——选择该选项（输入 f），命令行提示：

输入拟合数据选项[添加（A）/闭合（C）/删除（D）/移动（M）/清理（P）/相切（T）/公差（L）/退出（X）] <退出>：

其主要选项含义如下。
● 添加——可以在样条曲线中增加拟合点。
● 移动——移动拟合点。
● 清理——从图形数据库中删除样条曲线的拟合数据。
● 相切——编辑样条曲线的起点和端点切向。
● 公差——使用新公差值将样条曲线重新拟合至现有点。
● 移动顶点——重新定位样条曲线控制点并清理拟合点。
● 优化——选择该选项（输入 r），命令行提示：

输入优化选项 [添加控制点（A）/提高阶数（E）/权值（W）/退出（X）] <退出>：

其主要选项含义如下。
● 添加控制点——增加控制部分样条的控制点数。
● 提高阶数——增加样条曲线上控制点的数目。
● 权值——更改不同样条曲线控制点的权值。较大的值会将样条曲线拉近其控制点。
● 反转——反转样条曲线的方向。

3. 编辑多线

多线编辑命令是一个专用于多线对象的编辑命令，执行"修改"|"对象"|"多线"命令或在命令行输入 mledit 命令，可打开"多线编辑工具"对话框，如图 3-15 所示。该对话框中的各个图像按钮形象地说明了编辑多线的方法。

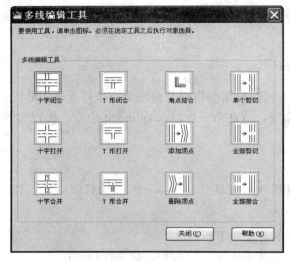

图 3-15 "多线编辑工具"对话框

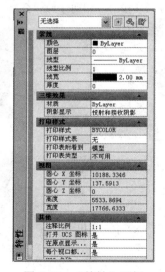

图 3-16 "特性"面板

3.1.8 对象特性编辑

1. 对象特性

对象特性包括图形对象的图层、颜色、线型、线宽、线型比例、对象的尺寸和位置、三维图形高度和文本特性等。通过调用"特性"面板可以方便浏览和修改这些特性。调用"特性"面板的几种方式如下。

1) 菜单栏:执行"修改"|"特性"命令。

2) 工具栏:单击工具栏"特性"按钮 📄 。

3) 组合键:使用组合键 Ctrl+1。

执行上述任一操作,可打开如图 3-16 所示的"特性"面板。

在"特性"面板的标题栏(如图右侧)右击,在弹出的快捷菜单中可以对"特性"面板进行移动、大小、自动隐藏等操作。

"特性"面板中显示了当前选择集中对象的所有特性和特性值,可以通过它浏览、修改对象的特性。

2. 特性匹配

在 AutoCAD 中,使用"特性匹配"功能可以复制对象的特性,如颜色、线宽、线型、图层等,类似于 Office 中的"格式刷"功能。"特性匹配"功能的调用方式如下。

1) 菜单栏:执行"修改"|"特性匹配"命令。

2) 工具栏:单击工具栏"特性匹配"按钮 📄 。

3) 命令行:在命令行输入 matchprop(MA)命令。

执行上述任一操作后,命令行提示如下。

命令：_matchprop

选择源对象：

当前活动设置： 颜色 图层 线型 线型比例 线宽 厚度 打印样式 标注 文字 填充图案 多段线 视口 表格材质 阴影显示 多重引线

选择目标对象或 [设置（S）]： s

此时输入 s，可以打开如图 3-17 所示的"特性设置"对话框。通过该对话框，可以控制将特性复制到目标对象。

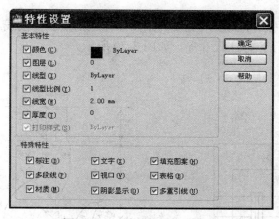

图 3-17 "特性设置"对话框

3.2 项目要求和分析

前面介绍了二维图形编辑的各种操作方法，下面结合几个案例来分析这些操作方法的具体应用。

案例一：绘制餐桌

餐桌是建筑设计中会经常用到的一个图形，主要有矩形餐桌和圆形餐桌两类。本例操作的难点是绘制餐椅，在本例中会用到的绘图操作主要有：绘制多段线、圆角、绘制圆弧、偏移圆弧、复制、移动、旋转、镜像、阵列等。如图 3-18 所示为矩形餐桌和圆形餐桌。

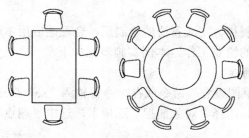

图 3-18 餐桌效果图

案例二：绘制楼梯平面图

楼梯也是建筑设计中经常用到的一个图形。对楼梯梯步的绘制可以采用多种方法来完成，如可以采用阵列，还可以采用偏移，或者直接绘制线条，在直接绘制线条时可能会用到延伸和修剪命令。其他会用到的操作还有绘制多段线、绘制箭头、标注文字等。如图 3-19 所示为"楼梯平面图"。

案例三：绘制吊钩

吊钩的绘制会使用多个图层，主要的绘图操作包括绘制多段线、倒角、圆角、圆，移动、大量的修剪操作、标注尺寸等。如图 3-20 所示。

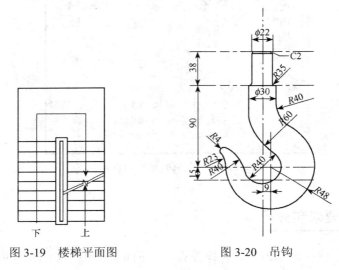

图 3-19　楼梯平面图　　　　　图 3-20　吊钩

完成上述几个案例的绘制后，基本上能熟悉本章主要的编辑操作方法，还可以结合其他一些图形的绘制来进一步掌握和提高图形的编辑能力。

3.3　项目实施

案例一：绘制餐桌

本例的难点是绘制餐椅。完成餐椅的绘制后，合理地应用本章所学的编辑方法，可以比较轻松地完成余下的绘制工作。本例实施步骤如下。

步骤 1：设置对象捕捉

执行"工具" | "草图设置"命令或在命令行输入"se"命令，打开如图 3-21 所示的"草图设置"对话框。选择"对象捕捉"选项卡，选中"端点"、"中点"、"圆心"复选框。

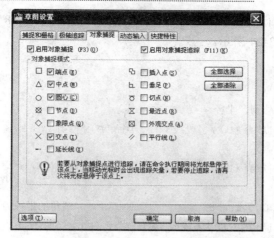

图 3-21　"草图设置"对话框

在绘图中，靠目测和鼠标很难精确控制选择点，但使用"对象捕捉"可以很好地解决这个问题。

按 F3 键，可以打开/关闭"对象捕捉"；按 F8 键，可以打开/关闭"正交模式"。

步骤 2：绘制餐椅

1）绘制多线段。执行 pl 命令，从起点向上 154，下一点的相对坐标@362，48，向下202，完成椅子椅面一半的绘制，如图 3-22 所示。

```
命令: pl
PLINE
指定起点:
当前线宽为 0.0000
指定下一个点或 [圆弧（A）/半宽（H）/长度（L）/放弃（U）/宽度（W）]: 154
指定下一点或 [圆弧（A）/闭合（C）/半宽（H）/长度（L）/放弃（U）/宽度（W）]: @362,48
指定下一点或 [圆弧（A）/闭合（C）/半宽（H）/长度（L）/放弃（U）/宽度（W）]: 202
指定下一点或 [圆弧（A）/闭合（C）/半宽（H）/长度（L）/放弃（U）/宽度（W）]:
```

图 3-22　半边椅面

2）镜像椅面。执行 mi 命令，组成一个完整的椅面，如图 3-23 所示。

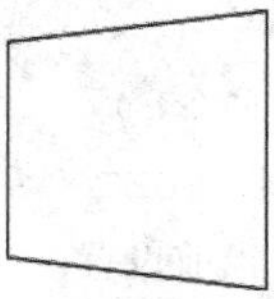

```
命令: mi
MIRROR
选择对象:
指定对角点: 找到 1 个
选择对象:
指定镜像线的第一点:
指定镜像线的第二点:
要删除源对象吗? [是（Y）/否（N）] <N>:
```

图 3-23　整个椅面

3）圆角处理。执行 f 命令，对后端进行半径 58、前段半径 38 的圆角操作，完成椅子椅面的绘制，如图 3-24 所示。

命令：f
FILLET
当前设置：模式 = 修剪，半径 = 0.0000
选择第一个对象或 [放弃（U）/多段线（P）/半径（R）/修剪（T）/多个（M）]：m
选择第一个对象或 [放弃（U）/多段线（P）/半径（R）/修剪（T）/多个（M）]：r

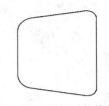

图 3-24　圆角后的椅面

指定圆角半径 <0.0000>：58　　　　　　　　　　//圆角的半径为 58
选择第一个对象或 [放弃（U）/多段线（P）/半径（R）/修剪（T）/多个（M）]：
选择第二个对象，或按住 Shift 键选择要应用角点的对象：
选择第一个对象或 [放弃（U）/多段线（P）/半径（R）/修剪（T）/多个（M）]：
选择第二个对象，或按住 Shift 键选择要应用角点的对象：
选择第一个对象或 [放弃（U）/多段线（P）/半径（R）/修剪（T）/多个（M）]：//重复一次，半径 38

4）绘制椅背。执行 a 命令，选中一个起点，输入端点的相对坐标@0，-420，输入包含角 60，完成第一段圆弧的绘制，如图 3-25 所示。

图 3-25　椅背圆弧

命令：a
ARC
指定圆弧的起点或 [圆心（C）]：
指定圆弧的第二个点或 [圆心（C）/端点（E）]：e
指定圆弧的端点：@0，-420
指定圆弧的圆心或 [角度（A）/方向（D）/半径（R）]：a
指定包含角：60　　　　　　//绘制第一段圆弧

5）执行 o 命令，向右偏移 53，得到第二段圆弧，如图 3-26 所示。

图 3-26　偏移后

命令：o
OFFSET
当前设置：删除源=否　图层=源　OFFSETGAPTYPE=0
指定偏移距离或 [通过（T）/删除（E）/图层（L）] <通过>：53　//偏移 53，得到第二段圆弧
选择要偏移的对象，或 [退出（E）/放弃（U）] <退出>：
指定要偏移的那一侧上的点，或 [退出（E）/多个（M）/放弃（U）] <退出>：
选择要偏移的对象，或 [退出（E）/放弃（U）] <退出>：

6）绘制两条直线。将圆弧的端点连接起来，完成椅背的绘制，如图 3-27 所示。

命令：l
LINE
指定第一点：
指定下一点或 [放弃（U）]：

图 3-27　闭合的椅背

指定下一点或 [放弃（U）]：　　//重复一次，将圆弧端点连接

7）执行 m 命令。将椅背移动与坐面组成一把完整的椅子，餐椅的绘制完成，如图 3-28 所示。

命令：m
MOVE
选择对象：
指定对角点：找到 4 个
选择对象：

图 3-28　完整的椅子

指定基点或 [位移（D）] <位移>：　指定第二个点或 <使用第一个点作为位移>：
//移动椅背至坐面处，组成椅子

步骤 3：绘制桌面

1）绘制矩形桌面。执行 rec 命令，绘制一个 850×1400 的矩形，如图 3-29 所示。

RECTANG
指定第一个角点或 [倒角（C）/标高（E）/圆角（F）/厚度（T）/宽度（W）]：
指定另一个角点或 [面积（A）/尺寸（D）/旋转（R）]：d
　指定矩形的长度 <0.0000>：850
　指定矩形的宽度 <0.0000>：1400
　指定另一个角点或 [面积（A）/尺寸（D）/旋转（R）]：

图 3-29　矩形桌面

2）绘制圆桌面。执行 c 命令，绘制两个半径分别为 700 和 500 的同心圆，如图 3-30 所示。

命令：c
CIRCLE
指定圆的圆心或 [三点（3P）/两点（2P）/切点、切点、半径（T）]：
指定圆的半径或 [直径（D）]：700
命令：c
CIRCLE
指定圆的圆心或 [三点（3P）/两点（2P）/切点、切点、半径（T）]：

图 3-30　圆形桌面

指定圆的半径或 [直径（D）] <700.0000>：500

步骤 4：完成矩形餐桌

1）移动餐椅。执行 m 命令，将椅子移动到矩形餐桌左边合适的位置，如图 3-31 所示。

2）复制餐椅。执行 co 命令，复制一把椅子并移动到餐桌上方，如图 3-32 所示。

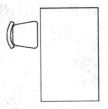

图 3-31　移动椅子

```
命令：co
COPY
选择对象：
指定对角点：找到 6 个
选择对象：
当前设置：复制模式 = 多个
指定基点或 [位移（D）/模式（O）] <位移>：指定第二个点或 <使
用第一个点作为位移>：
指定第二个点或 [退出（E）/放弃（U）] <退出>：
```

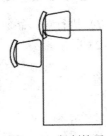

图 3-32　复制椅子

3）旋转餐椅。执行 ro 命令，旋转椅子，如图 3-33 所示。

```
命令：ro
ROTATE
UCS 当前的正角方向：ANGDIR=逆时针　ANGBASE=0
选择对象：
指定对角点：找到 6 个
选择对象：
指定基点：
指定旋转角度，或 [复制（C）/参照（R）] <0>：
```

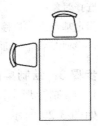

图 3-33　旋转椅子

4）镜像餐椅。执行 mi 命令，分别以餐桌中心水平线和垂直线作为镜像线做两次镜像，完成矩形餐桌的绘制，如图 3-34 和图 3-35 所示。

```
命令：mi
MIRROR
选择对象：
指定对角点：找到 12 个
选择对象：
指定镜像线的第一点：
指定镜像线的第二点：
要删除源对象吗？[是（Y）/否（N）] <N>：　　　//以餐桌
```

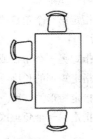

图 3-34　水平镜像

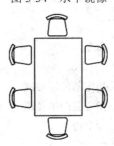

图 3-35　垂直镜像

中心水平线为镜像线

命令: mi

MIRROR

选择对象:

指定对角点: 找到 12 个

选择对象:

指定镜像线的第一点:

指定镜像线的第二点:

要删除源对象吗? [是（Y）/否（N）] <N>:　　　　　//以餐桌中心垂直线为镜像线

步骤 5: 完成圆形餐桌

1）复制移动餐椅。执行 co 命令，复制一把椅子并移动到圆桌的左侧，如图 3-37 所示。

2）阵列餐椅。执行 ar 命令，打开"阵列"对话框，选中"环形阵列"单选按钮，如图 3-36 所示。

3）单击"中心点"右边的"拾取中心点"按钮📷，回到绘图区，选取同心圆的圆心为中心点。

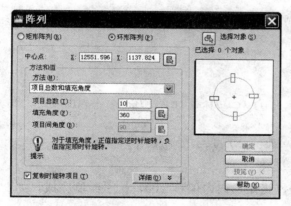

图 3-36　"阵列"对话框

4）在"项目总数"文本框中输入 10，"填充角度"文本框中输入 360。

5）单击"选择对象"按钮📷，回到绘图区选中餐椅，按空格键返回"阵列"对话框，单击"确定"按钮，完成圆形餐桌的绘制，如图 3-38 所示。

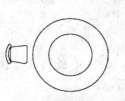

图 3-37　复制移动椅子

图 3-38　环形阵列椅子

命令： `ar`
`ARRAY`
指定阵列中心点：
选择对象：
指定对角点： 找到 6 个
选择对象：

案例二：绘制楼梯平面图

本例的难点为折断线的绘制。在绘制中按 F3 功能键，用于打开/关闭"对象捕捉"，在练习中加以体会。本例实施步骤如下。

步骤1：设置对象捕捉

执行"工具"|"草图设置"命令或在命令行输入"se"命令，打开"草图设置"对话框。选择"对象捕捉"选项卡，选中"端点"、"中点"复选框。

步骤2：绘制扶手

1）绘制扶手。执行 rec 命令，绘制一个尺寸@300，2440 的矩形，如图 3-39 所示。

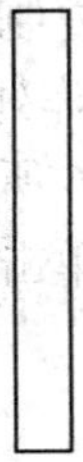

图 3-39　扶手外框

命令： `rec`
`RECTANG`
指定第一个角点或 [倒角（C）/标高（E）/圆角（F）/厚度（T）/宽度（W）]：
指定另一个角点或 [面积（A）/尺寸（D）/旋转（R）]： @300,2440
//绘制 300×2440 的矩形

2）执行 o 命令，将矩形向内偏移 100，扶手绘制完成，如图 3-40 所示。

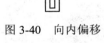

图 3-40　向内偏移

`OFFSET`
当前设置： 删除源=否　图层=源 OFFSETGAPTYPE=0
指定偏移距离或 [通过（T）/删除（E）/图层（L）] <通过>： 100　//将矩形向内偏移100
选择要偏移的对象，或 [退出（E）/放弃（U）] <退出>：
指定要偏移的那一侧上的点，或 [退出（E）/多个（M）/放弃（U）] <退出>：
选择要偏移的对象，或 [退出（E）/放弃（U）] <退出>：

步骤3：绘制踏步线

1）绘制第一根踏步线。执行 l 命令，绘制一根长 2360 的直线。执行 m 命令，将直线移动，中点与内矩形的中点重合，如图 3-41 所示。

2）执行 tr 命令，修剪多余的线条，如图 3-42 所示。

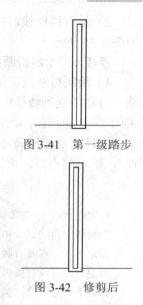

命令：tr

TRIM

当前设置：投影=UCS，边=无

选择剪切边...

选择对象或 <全部选择>：

指定对角点：找到 3 个

选择对象：找到 1 个（1 个重复），总计 3 个

选择对象：找到 1 个（1 个重复），总计 3 个

选择对象：　　　　//修剪踏步线与扶手交汇处多余的线条

选择要修剪的对象，或按住 Shift 键选择要延伸的对象，或
[栏选（F）/窗交（C）/投影（P）/边（E）/删除（R）/放弃（U）]：

选择要修剪的对象，或按住 Shift 键选择要延伸的对象，或
[栏选（F）/窗交（C）/投影（P）/边（E）/删除（R）/放弃（U）]：

选择要修剪的对象，或按住 Shift 键选择要延伸的对象，或
[栏选（F）/窗交（C）/投影（P）/边（E）/删除（R）/放弃（U）]：

图 3-41　第一级踏步

图 3-42　修剪后

3）阵列踏步线。执行 ar 命令，打开"阵列"对话框，选中"矩形阵列"单选按钮，如图 3-43 所示。

图 3-43　"阵列"对话框

4）在"行数"文本框中输入 9，"列数"文本框中输入 1，"行偏移"文本框中输入 280，"列偏移"文本框中输入 0。

5）单击"选择对象"按钮，回到绘图区选中踏步线，按空格键返回"阵列"对话框，单击"确定"按钮，完成楼梯踏步线的绘制，如图 3-44 所示。

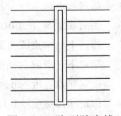

图 3-44　阵列踏步线

步骤 4：绘制平台和墙壁线

1）绘制平台。执行 pl 命令，起点为最上一级踏步线的左侧，向上 1500，向右 2360，向下 1500，完成平台的绘制。

2）绘制墙壁线。执行 1 命令，绘制楼梯两边的墙壁线，如图 3-45 所示。

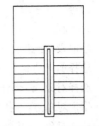

步骤 5：绘制折断线

1）绘制折断线。执行 pl 命令，这时会发现线条的起点和端点自动捕捉到楼梯的交点和中点等处，因此需要按 F3 键，关闭"对象捕捉"。在完成"Z"字型继续向左下绘制线条时，又会发现起点难以确定，此时需要再按 F3 键，打开"对象捕捉"，确定起点后，再按 F3 键，关闭"对象捕捉"。

图 3-45　绘制墙壁线

```
PLINE
指定起点：   <对象捕捉 关>                      //按 F3，关闭"对象捕捉"
当前线宽为 0.0000
指定下一个点或 [圆弧（A）/半宽（H）/长度（L）/放弃（U）/宽度（W）]：
指定下一点或 [圆弧（A）/闭合（C）/半宽（H）/长度（L）/放弃（U）/宽度（W）]：
指定下一点或 [圆弧（A）/闭合（C）/半宽（H）/长度（L）/放弃（U）/宽度（W）]：
指定下一点或 [圆弧（A）/闭合（C）/半宽（H）/长度（L）/放弃（U）/宽度（W）]：   <对
象捕捉 开>
指定下一点或 [圆弧（A）/闭合（C）/半宽（H）/长度（L）/放弃（U）/宽度（W）]：   <对
象捕捉 关>
指定下一点或 [圆弧（A）/闭合（C）/半宽（H）/长度（L）/放弃（U）/宽度（W）]：
```

2）执行 l 命令，绘制两条平行线。

3）修剪折断线。执行 tr 命令，修剪折断线两端多余的线条，完成折断线的绘制，如图 3-46 所示。

步骤 6：绘制箭头

1）绘制箭头。执行 pl 命令，起点向上 732，输入 w，打开宽度选项，输入"起点宽度"为 80，"端点宽度"为 0，箭头长度 400。移动箭头，执行 m 命令，将箭头移动到楼梯踏步处合适的位置。

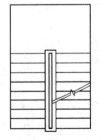

```
命令：pl
PLINE
指定起点：
当前线宽为 0.0000
指定下一个点或 [圆弧（A）/半宽（H）/长度（L）/放弃（U）/宽度（W）]：732
指定下一点或 [圆弧（A）/闭合（C）/半宽（H）/长度（L）/放弃（U）/宽度（W）]：w
指定起点宽度 <0.0000>：80                      //箭头起始宽度 80
指定端点宽度 <80.0000>：0
指定下一点或 [圆弧（A）/闭合（C）/半宽（H）/长度（L）/放弃（U）/宽度（W）]：400
```

图 3-46　绘制折断线

指定下一点或 [圆弧（A）/闭合（C）/半宽（H）/长度（L）/放弃（U）/宽度（W）]：

2）重复上述操作，绘制楼梯另一边的箭头，完成后如图 3-47 所示。

步骤 7：标注文字

1）标注文字。执行 dt 命令，在"指定高度"时输入 300，"指定文字的旋转角度"时输入 0，在文本框中输入文字"上"。执行 m 命令，移动文字至适当位置。

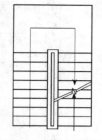

图 3-47　绘制箭头

命令：dt

TEXT

当前文字样式："Standard" 文字高度：2.5000 注释性：否

指定文字的起点或 [对正（J）/样式（S）]：

指定高度 <2.5000>：300

指定文字的旋转角度 <0>：0

2）用同样的方法完成另一侧文字"下"。整个楼梯平面图绘制完成，如图 3-48 所示。

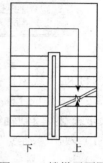

图 3-48　楼梯平面图

试一试：楼梯踏步的绘制除了使用阵列方式外，还可以使用偏移和绘制直线的方法，请试用其他方法绘制踏步。

案例三、绘制吊钩

本例会用到"主体"、"轴线"和"标注"三个图层。在绘图中会使用多种圆的画法，另外要进行大量的修剪操作，尺寸标注也比较复杂。这里先接触一下，后续项目中会进一步学习。本例实施步骤如下。

步骤 1：新建图层

1）新建图层的操作方法有以下三种。

① 菜单栏：执行"格式"｜"图层"命令。

② 工具栏：单击工具栏中的"图层"按钮。

③ 命令行：在命令行输入 layer（LA）。

2）打开"图层特性管理器"对话框，如图 3-49 所示。单击"新建图层"按钮，在 0 层下方显示一新层，将名称改为"主体"，其他不变。

3）再单击按钮，出现新的一层，将名称改为"标注"。单击"轴线"后面的颜色，改为蓝色，其他不变。

4）再单击按钮，出现新的一层，将名称改为"轴线"。单击"轴线"后面的颜色，改为红色。再单击后面的线型，出现"线型选择"对话框，单击"加载"按钮，选中

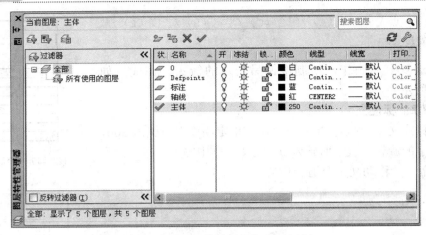

图 3-49　"图层特性管理器"对话框

"CENTER2"线型，在"线型选择"框中会增加"CENTER2"线型。选中它，单击"确定"按钮，完成"轴线"层的设置。

步骤 2：绘制轴线

1）双击"轴线"，将"轴线"层置为当前层。

2）执行 l 命令，在绘图区绘制一条长 220 的垂直线。重复 l，以垂直线为中点，在垂直线的上方绘制一条长 120 的水平线。

3）复制轴线。执行 co 命令，向下复制三条水平轴线，距离分别为 38、128 和 143。再次执行 co 命令，向右复制一条垂直轴线，距离为 9。使用夹点编辑，将右侧的垂直轴线缩短，至此完成轴线的绘制，如图 3-50 所示。

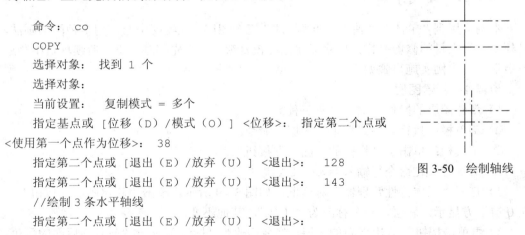

```
命令：co
COPY
选择对象：找到 1 个
选择对象：
当前设置：复制模式 = 多个
指定基点或 [位移（D）/模式（O）] <位移>：指定第二个点或
<使用第一个点作为位移>：38
    指定第二个点或 [退出（E）/放弃（U）] <退出>：128
    指定第二个点或 [退出（E）/放弃（U）] <退出>：143
//绘制 3 条水平轴线
    指定第二个点或 [退出（E）/放弃（U）] <退出>：
```

图 3-50　绘制轴线

步骤 3：绘制吊钩的上部

1）切换图层至"主体"层。

2）绘制多段线。执行 pl 命令，以第一条水平轴线的中心为起点，向左 11，向下 38，与第二条水平轴线正交；重复 pl 命令，以第二条水平轴线的中心为起点，向左 15，垂直向下 38。

3）镜像图形。执行 mi 命令，以垂直轴线为镜像轴对刚绘制的两个多段线进行镜像。

4）倒角和圆角。执行 cha 命令，将最上面的两个角倒成 2×2 的直角；执行 f 命令，输入圆角半径 3.5，再完成两个圆角；执行 l 命令，将第二水平轴线处的线条补上。吊钩上部绘制效果如图 3-51 所示。

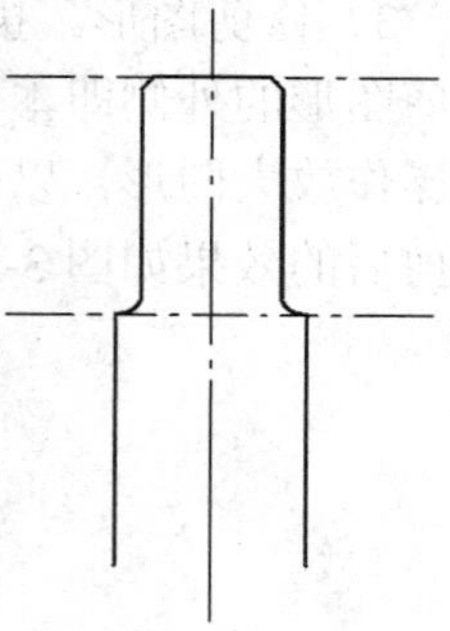

图 3-51　吊钩上部

```
命令：cha
CHAMFER
（"修剪"模式）当前倒角距离 1 = 2.0000，距离 2 = 2.0000
选择第一条直线或 [放弃（U）/多段线（P）/距离（D）/角度（A）/修剪（T）/方式（E）/
多个（M）]：m
选择第一条直线或 [放弃（U）/多段线（P）/距离（D）/角度（A）/修剪（T）/方式（E）/
多个（M）]：d                                    //打开"距离"选项
指定第一个倒角距离 <2.0000>：2                    //倒一个 2×2 的直角
指定第二个倒角距离 <2.0000>：2
选择第一条直线或 [放弃（U）/多段线（P）/距离（D）/角度（A）/修剪（T）/方式（E）/
多个（M）]：
选择第二条直线，或按住 Shift 键选择要应用角点的直线：
选择第一条直线或 [放弃（U）/多段线（P）/距离（D）/角度（A）/修剪（T）/方式（E）/多个（M）]：
```

步骤 4：绘制吊钩下部右侧

1）绘制圆。执行 c 命令，以左侧垂直轴线与第三条水平轴线的交点为圆心，绘制一半径为 20 的圆 C；重复 c 命令，以右侧垂直轴线与第三条水平轴线的交点为圆心，绘制一半径为 48 的圆 D。

2）绘制相切圆。单击工具栏图标 ⊘，选线段 B 为第一切点，圆 D 为第二切点，输入半径为 40，绘制第一个相切圆。重复上述操作，选线段 A 为第一切点，圆 C 为第二切点，输入半径为 60，绘制第二个相切圆，如图 3-52 所示。

```
命令：_circle
指定圆的圆心或 [三点（3P）/两点（2P）/切点、切点、半径（T）]：_ttr
指定对象与圆的第一个切点：                         //选线段 A
指定对象与圆的第二个切点：                         //选圆 C
指定圆的半径 <48.0000>：40
命令：_circle
指定圆的圆心或 [三点（3P）/两点（2P）/切点、切点、半径（T）]：_ttr
指定对象与圆的第一个切点：                         //选线段 B
指定对象与圆的第二个切点：                         //选圆 D
指定圆的半径 <40.0000>：60
```

3）修剪图形。执行 tr 命令，将右侧多余的线条修剪掉。在执行修剪操作时，应从修剪图形的外侧即本例的右侧向交叉处进行修剪。在交叉处细部进行修剪时，可使用缩放操作放大图形，以便于精确地修剪图形。修剪时要注意观察图形，不要剪错了线条。修剪后的效果如图 3-53 所示。

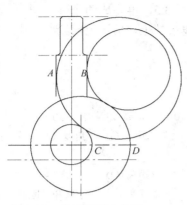

图 3-52　右侧圆弧的绘制

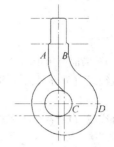

图 3-53　修剪后

步骤 5：绘制吊钩左下

1）绘制圆。执行 c 命令，以第三条水平轴线左侧为圆心，绘制一半径为 23 的圆 E；重复 c 命令，以第四条水平轴线左侧为圆心，绘制一半径为 40 的圆 F。

2）移动圆 E 和 F，此处先要确认打开了"对象捕捉"的"象限点"，执行"工具"｜"草图设置"，选择"对象捕捉"选项卡，选中"象限点"复选框。执行 m 命令，移动圆 E 与圆 D 在第三水平轴线处相交、圆 F 与圆 C 在第三水平轴线处相交。

3）绘制小圆 G。单击工具栏图标⊙，选圆 E 为第一切点，圆 F 为第二切点，输入半径为 4，绘制圆 G，如图 3-54 所示。

4）修剪图形。执行 tr 命令，将圆 C、圆 D、圆 E、圆 F、圆 G 多余的线条修剪掉。修剪后效果如图 3-55 所示。

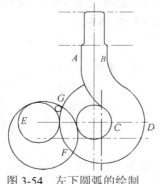

图 3-54　左下圆弧的绘制

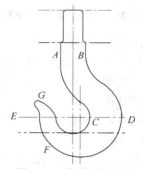

图 3-55　修剪后的效果

步骤 6：标注尺寸

1）切换图层至"标注"层。

2）设置标注样式。单击按钮 ，打开"文字样式"对话框，新建一个文字样式。再单击按钮 ，打开"标注样式管理器"，新建样式"机械设计"、"半径"、"直径"并进行相应设置。这部分内容后续项目会有详细介绍，这里只做简单的说明。

3）标注尺寸。单击按钮 、 、 ，完成图纸相应部分的标注，最终完成的图形效果如图 3-56 所示。

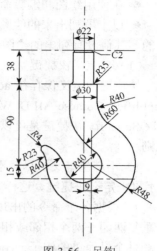

图 3-56　吊钩

3.4　项目总结

通过对本章案例的学习，可体会到 AutoCAD 软件中有非常多的命令。如何才能掌握主要的一些命令，并且合理的运用呢？在 CAD 中，要绘制或者编辑某一个对象，一般来说都有好几种方法，作为一个合格的 cad-drawer，应该合理运用最为恰当的方法。

首先把 CAD 中常用的命令进行归类，大致可以分为四类：第一类是绘图类，第二类是编辑类，第三类是设置类，第四类是其他类，包括标注、视图等。下面逐一进行分析。

第一类，绘图类，常用的命令如下。

line 直线；xline 构造线（用来画辅助线）；mline 双线（在画墙线时常用到，也可自己定义使用其他线型）；pline 多段线（大部分由线段组成的图元，能够定义为多段线的就定义为多段线，这样在选择时比较方便）；rectang 矩形（实际上就是四段围合的多段线）；arc 圆弧；circle 圆；hatch 填充（要注意图案的比例）；boundary 边界（在计算面积、填充等情况会用到）；block 定义块（需将准备用于定义块的所有图元放到 0 层，其他所有属性均改为 bylayer）；insert 插入块（与-insert 相比较，一个会调出对话框，另一个不会）。

第二类，编辑类，常用的命令如下。

matchprop 特性匹配（相当于 Word 中的格式刷，常用于将正在操作的图元刷成正确的图层）；hatchedit 填充图案编辑（鼠标左键双击填充的图案即可）；pedit 多段线编辑（也可用于将几段首尾相接的线段连接成多段线）；erase 擦除；copy 复制；Mirror 镜像；offset 平移；array 阵列；move 移动；rotate 旋转；scale 缩放；stretch 拉伸；lengthen 拉长（不常用，但在需要延长非水平或垂直的线段时很方便，也可实现同样的功能）；trim 裁减；extend 延伸；break 打断；fillet 倒圆角；explode 打碎（可用于打碎块、多段线、双线等）；align 对齐（不常用，但在画一些倾斜的图形时很有用，可以把图对正，画好了再调整回原来的角度，它和 UCS 是两个概念）；properties 属性（同 14 版时的 ddmodify，可调出属性表，在其中可查看和修改该图元的几乎所有属性，很实用）。

就绘图类和编辑类的命令可以归纳总结如下。

- 在绘制中，一般来说，能用编辑命令完成的，就不要用绘图命令完成。

● 在使用绘图命令时，一定要设置捕捉，按 F3 键切换。

● 在使用绘图和编辑命令时，大部分情况下，都要采用正交模式，按 F8 键切换。

● 以上罗列出来的绘图和编辑命令，作为一个 cad-drawer，是必须精通并能熟练运用的，其他没有列出的绘图和编辑命令，应该了解，在适当的时候使用。

（1）自定义快捷键

快捷键的定义保存在 acad.pgp 文件中，文件放置在 C：\Autodesk\AutoCAD_2010_ Simplified_Chinese_MLD_WIN_32bit\x86\acad\zh-CN\Acad\Program Files\Root\UserDataC ache\Support。快捷键是可以根据个人的喜好，自由定义的。定义快捷键应该遵循下面的原则。

1）不产生歧义，尽量不要采用完全不相干的字符。比如说，copy 命令，就不要用 v 字母来定义快捷键。这样容易造成误解、遗忘。

2）根据各个命令的出现频率来定义快捷键。定义时，依次采用"1 个字母—1 个字母重复两遍—两个相邻或相近字母—其他"的原则。

举个最简单的例子，copy 和 circle。在 CAD 的默认设置中，copy 是 co/cp，circle 是 c。一般来说，copy 使用的频率比 circle 要高得多，所以，可以将 c 定义为 copy 的快捷键。然后，对于 circle 可以采用 cc（第一和第四个字母），也可采用 ce（首尾两个字母），这两个都被占用了或者不习惯，再采用 ci。

对于常用命令，建议一定要采用快捷键，使用快捷键比用鼠标单击图标，或在菜单上选择命令要快得多。一定要养成左手键盘，右手鼠标的习惯。什么才是常用命令呢？平均每天出现五次以上的命令，都应该属于常用命令。

根据这样的原则来定义好快捷键后，经过 1~2 天的练习，一定能够提高效率。

（2）对象选择

在进行编辑命令的操作时，不可避免地要进行对象的选择。就编辑命令和对象选择来说，常用的有两种方式。

第一种，选用鼠标点选或框选对象。此时，所选择对象呈高亮状态，然后键盘输入编辑命令进行操作。采用这种方式，可利用 Shift 键来去除多余选择的图元。

第二种，先用键盘输入编辑命令，确认后再选择需操作的对象，选择完毕需操作的对象后再次确认进行编辑操作。这种方式在选择需操作的对象这一环节上更为方便灵活，可以通过辅助键来帮助选择。

P——previous，选择上一次操作的图元。

R——remove，去除已选择图元。

A——add，增加选择图元（用于使用了 remove 后）。

（3）使用鼠标

1）鼠标左键用来选择物体。

一是直接左键点取图元。

二是鼠标左键点下后，向右上或右下侧拖动鼠标，然后松开。这时出现的是实线选择框，只有完全处于实线框内的图元才能被选中。

三是鼠标左键点下后，向左上或左下侧拖动鼠标，然后松开。这时出现的是虚线选择框，只要有一部分处于虚线框内的图元，都能被选中。

2）鼠标右键的作用也很大，首先要修改 AutoCAD 的系统配置。在"用户系统配置"中，执行"自定义右键单击"的选项。在"默认模式"和"编辑模式"中，选择"重复上一个命令"；在命令模式中，选择"确认"。

在 2000 版本以上的 AutoCAD 和三键鼠标（中键为滚轴）出现后，使用鼠标的滚轴中键就基本可以满足视图的缩放和平移。

鼠标中键上下滚动就是 zoom 的实时缩放，中键按下后就是 pan。而且这些都是透明命令，即可以插在其他命令进行过程中执行的命令。利用三键鼠标来进行视图控制，一定要熟练掌握。

结合前面的案例，对以上归纳总结的要点要掌握。

3.5　项目拓展

1. 对象捕捉

在绘图时，靠鼠标和目测很难精确控制，利用 CAD 的捕捉功能可以很好地解决这个问题。对象捕捉属于透明命令，即在不退出其他操作的过程中，可以同时使用的命令。在进行绘图和编辑操作的大部分时候都需要用到对象捕捉。

1）对象捕捉功能调用方法如下。

① 单击状态栏中的"对象捕捉"按钮 ▢。

② 按 F3 键。

2）正确选择对象捕捉节点是用好这个功能的关键，在绘制和编辑不同的图形时，选择的捕捉点是有区别的。捕捉点的设置可以通过如下几个操作来实现。

① 执行"工具"｜"草图设置"命令。

② 右击状态栏中的"对象捕捉"按钮 ▢，单击"设置"按钮。

③ 命令行输入 se 命令。

3）执行上述任一操作可打开如图 3-57 所示的"草图设置"对话框。选择"对象捕捉"选项卡，在"对象捕捉模式"栏中选中需要的捕捉节点前的复选框。

✕小技巧：Tab 键在 AutoCAD 捕捉功能中的巧妙利用。当需要捕捉一个物体上的点时，只要将鼠标靠近某个或某些物体，不断地按 Tab 键，这个或这些物体的某些特殊点（如直线的端点、中间点、垂直点、与物体的交点、圆的四分圆点、中心点、切点、垂直点、交点）就会轮换显示出来，选择需要的点单击即可捕捉这些点。注意，当鼠标靠近两个物体的交点附近时，这两个物体的特殊点将先后显示出来（其所属物体会变为虚线），这在图形局部较为复杂时很有用。

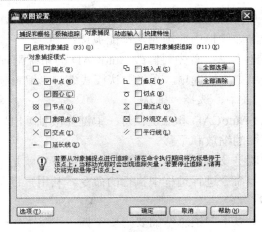

图 3-57 "草图设置"对话框

2. 正交模式

正交模式是绘图时常用的工具之一，其功能调用方法如下。

1）单击状态栏中的"正交模式"按钮 。

2）按 F8 键。

启用正交模式功能后，可以很方便地在绘图区中绘制水平和垂直的直线。

3.6 思考与练习

1. 怎样修改 AutoCAD 的快捷键？

2. 如何快速为平行直线作相切半圆？

3. 使用对象追踪、极轴有哪些好处？

4. 镜像命令除了可以镜像图形，还可以对什么对象进行镜像处理？

5. 为什么夹点拉伸直线的中点会移动图形？还有哪些对象会出现这种情况？

6. 绘制如图 3-58 所示的"六角法兰面螺钉"。

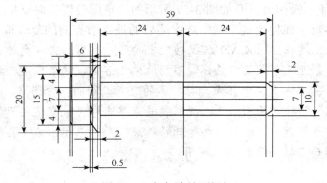

图 3-58 六角法兰面螺钉

7. 绘制如图 3-59 所示的"套壳零件三视图"。

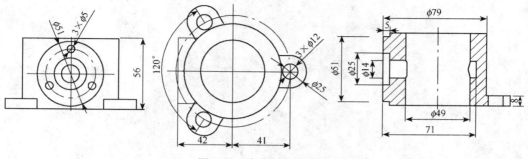

图 3-59　套壳零件三视图

8. 绘制图 3-60 所示的"沙发和茶几"。

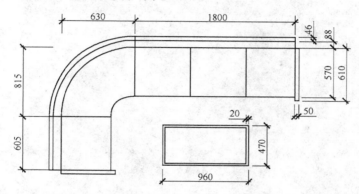

图 3-60　沙发和茶几

9. 绘制图 3-61 所示的"床和床头柜"

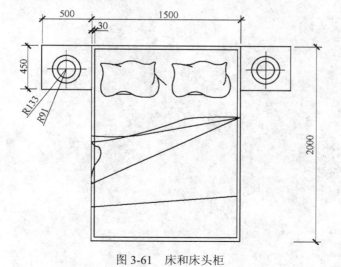

图 3-61　床和床头柜

第 *4* 章

添加文字与表格编辑

图样中一般都含有文字注释，它们表达了许多重要的非图形信息，如图形对象注释、标题栏信息、规格说明等。完备且布局适当的文字项目，不仅使图样能更好地表现出设计思想，同时也使图纸本身显得清晰整洁。

在 AutoCAD 中有两类文字对象，一类是单行文本，另一类是多行文本，它们分别由 dtext 和 mtext 命令来创建。一般来讲，一些比较简短的文字项目，如标题栏信息、尺寸标注说明等，常采用单行文字；而对带有段落格式的信息，如工艺流程、技术条件等，则常使用多行文字。

本章将介绍如何创建及编辑单行、多行文本和表格编辑。

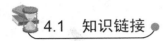

4.1 知识链接

4.1.1 创建文字样式

在 AutoCAD 中创建文字对象时，它们的外观都由与其关联的文字样式所决定。缺省情况下 Standard 文字样式是当前样式，用户也可根据需要创建新的文字样式是一组可随图形保存的文字设置的集合，这些设置包括字体、字号、倾斜角度、方向和其他文字特征等。如果要使用其他文字样式来创建文字，可以将其他文字样式置于当前。

文字样式主要是控制与文本链接的字体文件、字符宽度、文字倾斜角度及高度等项目。另外，还可通过它设计出相反的、颠倒的以及竖直方向的文本。用户可以针对每一种不同风格的文字创建对应的文字样式，这样在输入文本时就可用相应的文字样式来控制文本的外观。例如，用户可建立专门用于控制尺寸标注文字及技术说明文字外观的文本样式。

1. 创建文字样式

1) 依次单击"常用" | "注释" | "文字样式"按钮▲或键入 style 命令，打开"文字样式"对话框，如图 4-1 所示。

图 4-1 样式管理

2）单击"新建"按钮，打开"新建文字样式"对话框。在"样式名"文本框中输入文字样式的名称"机械标注文字"，如图 4-2 所示。

图 4-2　添加样式

3）单击"确定"按钮，返回"文字样式"对话框。在"字体名"下拉列表中选择相应的字体，如图 4-1 所示。

4）单击"应用"按钮完成，新样式创建成功。

2. 设置样式名

修改文字样式名也是在"文字样式"对话框中进行的。打开"文字样式"对话框，如果是新建样式，可以在对话框中直接输入新的样式名称，如图 4-2 所示。如果要对现有的样式改变样式名称，直接在样式名上右击，在弹出的快捷菜单上执行"重命名"命令后，输入新的样式名称即可。

3. 设置字体和大小、效果

打开样式管理对话框，设置字体、字高、特殊效果等外部特征。如果你是新建样式，可以在对话框中直接设置。

4. 预览与应用文字样式

要浏览新样式的效果，打开"文字样式"对话框，在样式名列表中单击相应的样式。在图 4-1 的左下角可以看到该样式设置后的效果。

删除文字样式等操作是在"文字样式"对话框中进行的。修改文字样式时，应注意以下几点。

1）修改完成后，单击"文字样式"对话框的按钮，则修改生效，AutoCAD 立即更新图样中与此文字样式关联的文字。

2）当修改文字样式链接的字体文件时，AutoCAD 将改变所有文字外观。

3）当修改文字的"颠倒"、"反向"、"垂直"特性时，AutoCAD 将改变单行文字外观。而修改文字高度、宽度比例及倾斜角时，则不会引起已有单行文字外观的改变，但将影响此后创建的文字对象。

　注意：如果发现图形中的文本没有正确地显示出来，多数情况是由于文字样式所连接的字体不合适。

4.1.2　创建与编辑单行文字

1. 创建单行文字

用 dtext 命令可以非常灵活地创建文字项目。发出此命令后，不仅可以设定文本的对齐方式及文字的倾斜角度，而且还能用十字光标在不同的地方选取点以定位文本的位置。该特性使用户只发出一次命令就能在图形的任何区域放置文本。另外，dtext 命令还提供了屏幕预演的功能，即在输入文字的同时该文字也将在屏幕上显示出来，这样就能很容易地发现文本输入的错误，以便及时修改。如图 4-3 所示为添加单行文字。

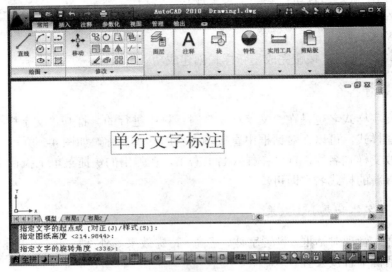

图 4-3　添加单行文字

（1）菜单操作方式

1）依次单击"常用"|"注释"|"单行文字"命令**A**。

2）指定第一个字符的插入点。如果按 Enter 键，程序将紧接着最后创建的文字对象（如果存在）定位新的文字。

3）指定文字高度。此提示只有文字高度在当前文字样式中设置为 0 时才显示。一条拖引线从文字插入点附着到光标上，单击，以将文字的高度设置为拖引线的长度。

4）指定文字旋转角度。可以输入角度值或使用定点设备。

5）输入文字。在每一行结尾需要按 Enter 键，并按照需要输入更多文字。

6）在空行处按 Enter 键结束命令。

（2）命令操作方式

在命令提示框中输入 dtext 命令，按 Enter 键后见 AutoCAD 提示如下：

当前文字样式：文字 35 当前文字高度：2.5000
指定文字的起点或[对正（J）/样式（S）]：

第一行提示信息说明当前文字样式以及字高度；第二行中，"指定文字的起点"选项用于确定文字行的起点位置。用户响应后，AutoCAD 提示如下：

指定高度：（输入文字的高度值）
指定文字的旋转角度<0>：（输入文字行的旋转角度）

　　而后，AutoCAD 在绘图屏幕上显示出一个表示文字位置的方框，用户在其中输入要标注的文字后，按两次 Enter 键，即可完成文字的标注。

　　2. 编辑单行文字

　　1）菜单操作：选定文本对象，右击，在弹出的快捷菜单中执行"编辑"命令。
　　2）命令操作：执行 ddedit 命令。
　　操作结果如图 4-4 所示，此时应该选择需要编辑的文字。标注文字时使用的标注方法不同，选择文字后 AutoCAD 给出的响应也不相同。如果所选择的文字是用 dtext 命令标注的，选择文字对象后，AutoCAD 会在该文字四周显示出一个方框，此时可直接修改对应的文字。

图 4-4　编辑单行文字

4.1.3　使用文字控制符

　　工程图中用到的许多符号都不能通过标准键盘直接输入，例如文字的下画线、直径代号等。当利用 dtext 命令创建文字注释时，必须输入特殊的代码来产生特定的字符，这些代码及对应的特殊符号如表 4-1 所示。

表 4-1　特殊字符的代码

代　码	字　　符	代　码	字　　符
%%o	文字的上画线	%%p	表示"±"
%%u	文字的下画线	%%c	直径代号
%%d	角度的度符号		

4.1.4　创建与编辑多行文字

　　mtext 命令可以创建复杂的文字说明。用此命令生成的文字段落称为多行文字，它可由任意数目的文字行组成，所有的文字构成一个单独的实体。使用 mtext 命令时，可以指定文本分布的宽度，但文字沿竖直方向可无限延伸。另外，还能设置多行文字中单个字符或某一部分文字的属性（包括文本的字体、倾斜角度和高度等）。

1. 创建多行文字

要创建多行文字，首先要了解"多行文字编辑器"。下面详细介绍"多行文字编辑器"的使用方法及常用选项的功能。创建多行文字时，首先要建立一个文本边框，此边框表明了段落文字的左右边界。如图 4-5 所示为添加多行文字。

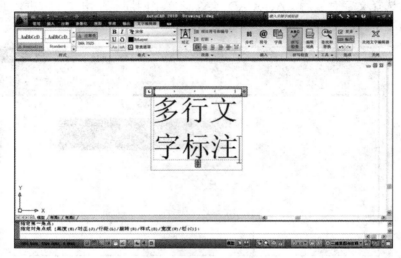

图 4-5　添加多行文字

启动 mtext 命令后，AutoCAD 提示如下信息。

指定第一角点：　//用户在屏幕上指定文本边框的一个角点
指定对角点：　　//指定文本边框的对角点

当指定文本边框的第一个角点后，再拖动光标指定矩形分布区域的另一个角点，一旦建立了文本边框，AutoCAD 就打开"多行文字编辑器"。该编辑器由"文字格式"工具栏及顶部带标尺的文字输入框组成。利用它们可创建文字并设置文字样式、对齐方式、字体、字高等属性。

在文字输入框中输入文本，当文本到达定义边框的右边界时，按 Shift＋Enter 组合键换行（若按 Enter 键换行，则表示已输入的文字构成一个段落）。缺省情况下，文字输入框是透明的，可以观察到输入文字与其他对象是否重叠。若要关闭透明特性，可单击"文字格式"工具栏上的按钮，然后选择"不透明背景"选项。

2. 文字输入框

1）标尺：设置首行文字及段落文字的缩进，还可设置制表位。其操作方法如下。

①　拖动标尺上第一行的缩进滑块，可改变所选段落第一行的缩进位置。

②　拖动标尺上第二行的缩进滑块，可改变所选段落其余行的缩进位置。

③　标尺上显示了默认的制表位。要设置新的制表位，可用光标单击标尺；要删除创建的制表位，可用光标按住制表位，将其拖出标尺。

④　将光标放置在标尺上，右击，在弹出的快捷菜单中执行"缩进和制表位"命令，打开"缩进和制表位"对话框。在此对话框中，可设置首行文字及其余行文字的缩进，还能设置制表位。

2）编辑多行文字，常用方法有以下三种。

①　使用 ddedit 命令编辑单行或多行文字。选择不同的对象，AutoCAD 将打开不同的对话框。对于单行或多行文字，AutoCAD 分别打开"编辑文字"对话框和"多行文字编辑器"。用 ddedit 命令编辑文本的优点是此命令连续提示用户选择要编辑的对象，因而只要键入 ddedit 命令就能一次修改许多文字对象。

②　用 properties 命令修改文本。选择要修改的文字后，再键入 properties 命令，AutoCAD 打开"特性"对话框。在这个对话框中，不仅能修改文本的内容，还能编辑文本的其他许多属性，如倾斜角度、对齐方式、高度、文字样式等。

③　选定多行文字，右击，在弹出的快捷菜单中执行"编辑多行文本"命令。如图 4-6 所示为编辑多行文字。

图 4-6　编辑多行文字

4.1.5　创建表格样式和表格

在 AutoCAD 中，可以生成表格对象。创建该对象时，系统首先生成一个空白表格，随后可在该表中填入文字信息。表格的宽度、高度及表中文字可以很方便地被修改，还可按行、列方式删除表格单元或是合并表中相邻单元。

1. 新建表格样式

表格对象的外观由表格样式控制。缺省情况下，表格样式是"Standard"，但可以根据需要创建新的表格样式。"Standard"表格的外观如图 4-7 所示，第一行是标题行，第二行是列标题行，其他行是数据行。表格样式中，用户可以设定标题文字和数据文字的文字样式、字高、对齐方式及表格单元的填充颜色，还可设定单元边框的线宽和颜色以及控制是否将边框显示出来。命令启动方法如下。

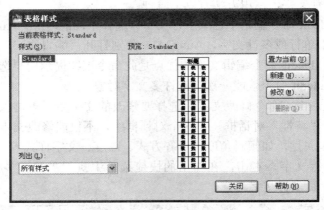

图 4-7　新建表格样式

1）下拉菜单：执行"格式"|"表格样式"命令。
2）工具栏：单击"注释"中的按钮 。
3）命令：tablestyle。

2. 设置表格的数据、列标题和标题样式

1）启动 tablestyle 命令，打开"表格样式"对话框，如图 4-7 所示。利用该对话框就可以新建、修改及删除表格样式。

2）单击"新建"按钮，弹出"创建新的表格样式"对话框。在"基础样式"下拉列表中选择新样式的原始样式"Standard"，该原始样式为新样式提供默认设置；在"新样式名"栏中输入新样式的名称"表格样式-1"，如图 4-8 所示。

3）单击"表头"按钮，打开"新建表格样式"对话框，如图 4-9 所示。该对话框包含三个选项："数据"、"表头"及"标题"，通过这些选项即可设定所有表单元的外观。

4）单击"确定"按钮，返回"表格样式"对话框；再单击"置为当前"按钮，使新的表格样式成为当前样式。

3. 管理表格样式

打开"表格样式"对话框，如图 4-7 所示。从中可以对表格样式进行删除，设置当前表格样式。选中新建表格样式也可以修改表样式。

图 4-8 设置表格样式　　　　　　　　　　图 4-9 设置表格标题样式

4. 创建表格

单击工具栏中的命令按钮 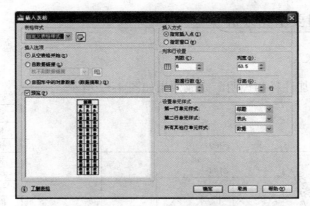 表格 ，打开"插入表格"对话框，如图4-10所示。默认的表格样式是"Standard"，用户也可选择自己定义的表格样式。默认是创建一个空表，表格是在行和列中包含数据的对象，可以从空表格或表格样式创建表格对象。还可以将表格链接 Microsoft Excel 电子表格中的数据，在此可以设置表格的行数、列数、行高、列宽等参数。

命令：TABLE。

图 4-10 "插入表格"对话框

设置好表格参数后，单击"确定"命令，创建如图 4-11 所示的表格。

5. 编辑表格和表格单元

1）增加行与列。选定表格的一行或者一列，右击，在弹出的快捷菜单中执行"插入行或列"命令。

2）删除行与列。选定表格的一行或者一列，右击，在弹出的快捷菜单中执行"删除行或列"命令。

3）合并单元格。选定要合并的单元格，右击，在弹出的对快捷菜单中执行"合并

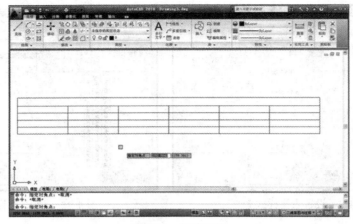

图 4-11　新建表格

单元格"命令。

4）填充单元格数据。在单元格中输入数据后，重新选定单元格，拖动活动单元格右下角的"棱形"可实现数据填充。

5）改变单元高度和宽度。用鼠标拖动活动单元格四边的小方块，可改变单元格的高度和宽度。

4.2　项目要求和分析

1. 项目要求

在图形中添加注释和说明，完成效果如图 4-12 所示。

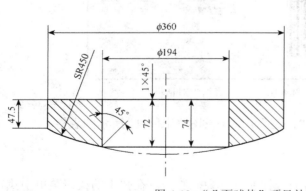

工艺绘签栏		
分析项目	签字	日期
机加		
装配		
焊接		
铸造		
锻造		
热处理		
探伤		

技术要求：
1. 热处理HB241-286；
2. 尖角倒钝。

图 4-12　"凸面球垫"项目效果图

2. 项目分析

任何 CAD 图形都要用文字和表格对该图形进行说明，如用标注、注释来说明图形的大小、技术处理要求等。

4.3 项目实施

步骤 1：添加文字样式

1）依次单击"常用"|"注释"|"文字样式" 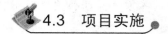 或键入 style 命令，打开"文字样式"对话框。在该对话框中单击"新建"按钮，在"新建文字样式"对话框中输入样式名称"机械标注 1"，如图 4-13 所示。

图 4-13　新建文字样式

2）在当前样式列表框中选刚才新建的样式，如图 4-14 所示。设置字体，选中"使用大字体"复选框，在字体下拉列表中选择"txt.shx"。单击"置为当前"按钮把该样式设置为当前样式。

图 4-14　设置文字样式

步骤 2：添加文字

1）打开图形文件"凸面球垫.dwg"，添加文字说明，如图 4-15 所示。

2）单击"注释"工具栏的按钮 $^{多行}_{文字}$·，选择 **A** ^{多行文字}添加多行文字，选择 **A|** ^{单行文字}添加单行文字。本项目中添加多行文字。执行命令后提示如下。

指定第一角点：
指定对角点或[高度（H）/对正（J）/行距（L）/旋转（R）/样式（S）/宽度（W）/栏（C）]：

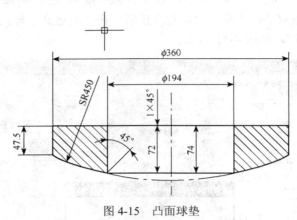

图 4-15 凸面球垫

3）操作完成后在图幅中出现"I"型光标，输入文字，如图 4-16 所示。

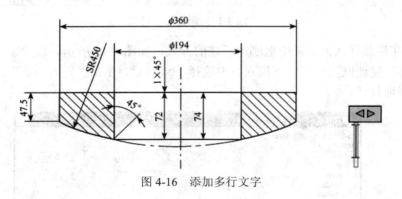

图 4-16 添加多行文字

4）完成后效果如图 4-17 所示。

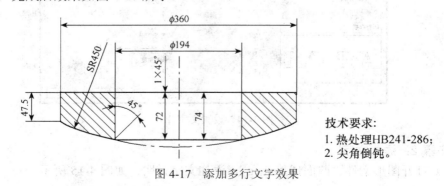

图 4-17 添加多行文字效果

技术要求：
1. 热处理HB241-286；
2. 尖角倒钝。

步骤 3：添加表格样式

1）在"注释"中单击按钮 ⃞。在弹出的对话框单击"新建"按钮，在弹出的"创建新的表格样式"对话框中输入新的表格样式名称"技术说明表"，如图 4-18所示。

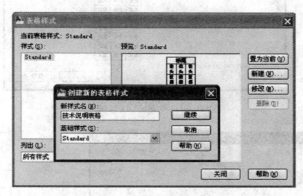

图 4-18　新建表格样式

2）输入完新表格样式名称后单击"继续"按钮，将弹出"新建表格样式：技术说明表格"对话框（技术说明表），如图 4-19 所示。

图 4-19　设置表格样式

3）设置完各项参数后，单击"确定"按钮，完成设置。回到"表格样式"对话框，单击"置为当前"按钮，把新建的表格样式置为当前样式，如图 4-20 所示。

步骤 4：添加表格

1）单击工具栏中的命令按钮 ⃞表格，弹出"插入表格"对话框。选择表格样式，设置表格的行数和列数，设置单元格的样式，如图 4-21 所示。

2）设置完表格参数后单击"确定"按钮，在图形文件中指定表格插入的位置，并对表格进行相应编辑。输入表格文字，完成新建表格任务，如图 4-22 所示。

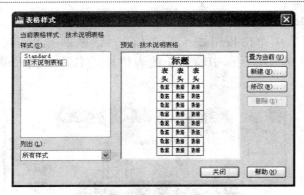

图 4-20　添加新的表格样式

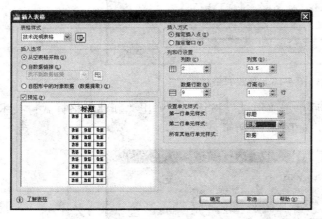

图 4-21　新建并设置新建表格参数

图 4-22　图形中添加表格

4.4　项目总结

本项目以"凸面球垫"为例，详细介绍了添加文字和表格处理过程，还介绍了文字样式的添加和设置，表格样式的添加和设置。

4.5　思考与练习

1．在添加单行或多行文字时，如何使用文字控制符？
2．如何将 Excel 表格中的数据转到 AutoCAD 中？

第 **5** 章

图层和对象特性

图层是对图形、文字与标注等对象的归类，是用户组织和管理图形的强有力的工具。用户可以将图层想象成一叠没有厚度的透明纸，将具有不同特性的实体分别置于不同的图层，然后将这些图层按同一基准点对齐，就可得到一幅完整的图形。

　　通过图层作图，可将复杂的图形分解为几个简单的部分，分别对每一层上的实体进行绘制、修改、编辑，再将它们合在一起。这样，复杂的图形绘制起来就变得简单、清晰，容易管理。

5.1　知识链接

5.1.1　图层操作

1. 创建图层

　　图层创建要在"图层特性管理器"中进行，进入"图层特性管理器"的方式有以下三种。

　　1）下拉菜单：执行"格式"|"图层"命令。

　　2）工具栏：单击"图层"工具栏中的 图标。

　　3）命令行：layer（缩写为 LA）。

　　在"图形特性管理器"对话框（如图 5-1 所示）中，列出了图层的名称、状态等图层的特性。系统会自动生成 0 层。

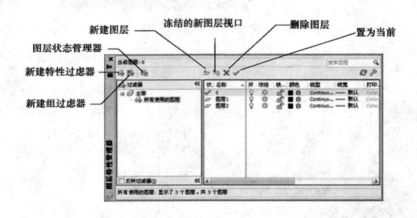

图 5-1　"图层特性管理器"对话框

　　在"图层特性管理器"对话框中，单击"新建图层"按钮 ，在 0 层下方显示一个新层，其默认层名为"图层 1"。在默认情况下，图层的名称按图层 0、图层 1、图层 2……等编号依次递增。用户可以根据需要，为图层创建一个能够表达其用途的名称。新建的图层高亮显示，用户可按需要改变新层名。新层的颜色、线型和线宽等自动继承 0 层的特性。

2．使图层成为当前层

绘图操作只能在一个图层上进行。要想利用新建的图层，需设置其为当前层。
方法一：在"图层特性管理器"对话框中选择要用的图层，双击即可。
方法二：在"图层"工具栏的下拉列表框中选择想要的图层（如图 5-2 所示）。

图 5-2　图层工具栏下拉列表框

3．控制图层状态

每一个图层都有一系列的状态开关，利用这些开关可完成如下操作。
（1）打开或关闭图层

单击图层工具栏中的灯泡图案 ，可实现对图层的开启或关闭，也可在"图层特性管理器"对话框中进行该操作。关闭图层后，该图层不被显示，也不会被打印，但其会与图形一起重新生成。同时在编辑对象选择物体时，该图层会被选择。
（2）冻结或解冻图层

单击图层工具栏中的太阳图案 ，会显示雪花图案 ，这就实现了对该图层的冻结，也可在"图层特性管理器"对话框中进行该操作。冻结图层后可加快缩放、平移等命令的执行，同时处在该图层的所有对象不再显示，既不能被打印，也不能被编辑。
（3）锁定和解锁图层

单击图层工具栏中的锁图案 ，可实现对该图层的锁定和解锁，也可在"图层特性管理器"对话框中进行该操作。锁定图层后，该图层可显示和打印。也可在图层创建新的对象，但是不能被选择和编辑。
（4）打开或关闭图层的打印

在"图层特性管理器"对话框中选取需要操作的图层的打印机图案 ，可对该图层的打印状态进行控制。在 AutoCAD 绘图过程中，为了绘制方便，会设置一些辅助图层，而在出图的时候，这些图层是不需要打印的。在这种情况下，可以关闭其打印状态。处在关闭状态时，打印机图案上会出现红色斜杠。

4．对图层进行排序

一旦创建了图层，可以按照名称、可见性、颜色、线宽、打印样式或线型为其排序。在"图层特性管理器"对话框中，单击列标题即可在该列中按特性排列图层。图层名可以按字母的升序或降序排列。

5．重命名与删除图层

在"图层特性管理器"对话框中两次单击图层名可对图层重命名，但是 0 层或依赖外部参照的图层不能被重命名。

图层名最多可以包含 255 个字符，如字母、数字、空格和特殊字符。图层名不能包含<、>、^、"、:、、;、?、*、|、=、'等字符。

删除图层的方法是在"图层特性管理器"对话框中选择需要删除的图层，单击"删除图层"按钮 ✕ 即可。

△注意：当前图层、0 层、依赖外部参照的图层或包含对象的图层都不能被删除。

6. 设置图层颜色、线型与线宽

（1）设置图层颜色

图层的颜色实际上是图层中图形对象的颜色。每一个图层都应具有一定的颜色，对不同的图层可以设置相同的颜色，也可以设置不同的颜色。

图 5-3 "选择颜色"对话框

设置图层颜色可以单击"图层特性管理器"对话框中某一图层的颜色小方框，弹出"选择颜色"对话框，从中进行图层颜色的选择，如图 5-3 所示。

（2）设置图层线型

线型是点、横线和空格按一定规律重复出现形成的图案，线型名及其定义描述了一定的点画序列、横线和空格的相对长度等。在绘制对象时，需要用不同的线型来表示不同的含义，默认线型为 Continuous。

每个图形至少有三种线型，即 ByLayer（随层）、ByBlock（随块）、Continuous（连续）。在图形中还可以包括其他不受数量限制的线型。

在创建一个对象时，它使用当前线型创建对象。作为默认设置，当前线型是随层，其含义是该对象的实际线型由所处图层的指定线型决定。如果选择了随块，则所有对象在最初绘制时，所使用的线型是连续线。一旦将对象编组为一个图块，在将该块插入到图形中时，它们将继承当前层的线型设置。

用户可以选择一个指定的线型作为当前线型，AutoCAD 2010 将使用指定的线型创建对象，而忽略图层线型设置，修改图层线型时也不会影响到它们。

1）加载线型。AutoCAD 预先将大量的线型放进线型文件（扩展名为.lin）中，使用时从线型文件中调入线型。AutoCAD 包括线型定义文件 acad.lin 和 acadiso.lin，前者适用于英制测量单位，后者适用于公制测量单位。要使用线型文件中的线型，首先应将其加载到图形中。

加载的方法为：执行"格式"|"线型"命令，或由键盘输入命令 linetype 后，按回车键，弹出"线型管理器"对话框，如图 5-4 所示。单击按钮 加载(L)... ，打开"加载或重载线型"对话框（如图 5-5 所示），可以加载需要的其他线型。在"加载或重载线型"对话框中选择一个或多个（按 Ctrl 键）要加载的线型，然后单击"确定"按钮，则选择的线型将显示在"线型管理器"对话框中，如图 5-6 所示。

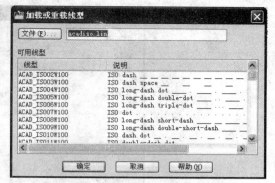

图 5-4　"线型管理器"对话框　　　　　　图 5-5　"加载或重载线型"对话框

2）设置图层线型。加载线型后，可以在"图层特性管理器"对话框中将其赋给某个图层，操作方法为：在"图层特性管理器"对话框中选择一个图层，单击与该图层相关联的线型栏，弹出如图 5-7 所示的"选择线型"对话框。

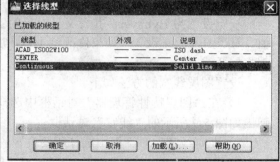

图 5-6　已加载了线型的"线型管理器"对话框　　　图 5-7　"选择线型"对话框

在已加载的线型列表中选择所需的线型，单击"确定"按钮，在"图层特性管理器"对话框中已对选择的图层设置了相应的线型。

3）设置线型比例因子。实际的绘图中，是按照对象的实际尺寸绘制的。在使用不同的线型时，如果比例设置不当，将看不到想要的线型效果。

AutoCAD 提供了两种线型比例因子：一种是全局比例因子（将修改所有线型比例，从始到终对所有线型起作用，直到下一次用户对其改变）；另一种是当前线型比例因子（该比例因子仅对新绘制对象的线型起作用）。

要设置线型比例，可在"线型管理器"对话框中单击按钮 显示细节(D)，即可在右下角设置线型比例，如图 5-8 所示。

（3）设置图层线宽

线宽可以表达图形中对象所要表达的信息。例如，用粗线表示横截面的轮廓线，用细线表示横截面中的填充图案。

AutoCAD 2010 拥有 23 种有效线段的线宽值，范围是 0.05～2.11mm。另外，还有ByLayer、ByBlock、默认和 0 线宽。线宽值为 0 时，在模型空间中，总是按一个像素显

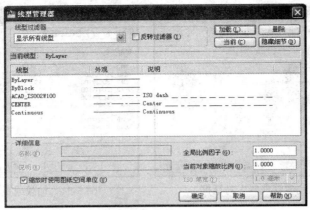

图5-8　显示细节

示，并按尽可能轻的线条打印。任何等于或小于默认线宽值的线宽在模型空间中，都将显示为一个像素，但是在打印该线宽时，将按赋予的宽度值打印。

在创建一个对象时，AutoCAD 2010将使用当前的线宽值创建对象，作为默认设置，当前线宽设置为ByLayer，其含义是对象的实际线宽值取决于其所在图层所赋予的线宽值。对于ByLayer设置，如果修改赋予该图层的线宽值，则所有在该图层上创建的对象都将按新线宽显示。

设置图层线宽的方法如下。

1）在"图层特性管理器"对话框中选择一个图层，单击与该图层相关联的线宽，弹出如图5-9所示的"线宽"对话框。

2）在"线宽"对话框中选择所要设置的线宽，单击"确定"按钮，退出对话框。

注意：

1）绘图时，单击状态栏上的按钮 ，可以打开或关闭线宽的显示。

2）设置指定的线宽可执行"格式"|"线宽"命令，或输入命令lweight，按回车键后弹出"线宽设置"对话框（如图5-10所示），从中进行设置。

图5-9　"线宽"对话框　　　　　　　图5-10　"线宽设置"对话框

3）如果选择一个指定的线宽作为当前的线宽值，则忽略图层的线宽设置。此后 AutoCAD 将按该线宽创建对象。如果再修改图层的线宽，对于这些对象将不再起任何作用。

7. 图层状态的输出输入

可以将图层设置保存成一个文件，然后在以后或另外的文件中调用。

（1）输出图层状态

1）单击"图层"工具面板中的图层特性图标，打开"图层特性管理器"对话框。

2）在"图层特性管理器"中单击"图层状态管理器"图标（如图 5-11 所示），打开"图层状态管理器"对话框。

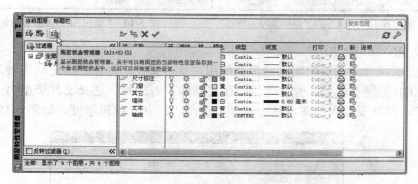

图 5-11　图层状态管理器图标的位置

3）在"图层状态管理器"对话框中单击按钮 新建(N)... ，弹出"要保存的新图层状态"对话框。在"新图层状态名"文本框中输入要保存图层状态的名字，如图 5-12 所示。单击"确定"按钮，回到"图层状态管理器"对话框。

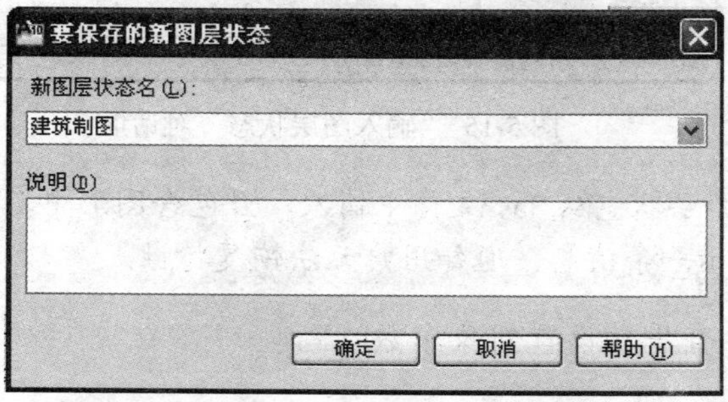

图 5-12　"要保存的新图层状态"对话框

4）在"图层状态管理器"对话框中，单击按钮 输出(X)... （如图 5-13 所示），弹出"输出图层状态"对话框。单击"保存"按钮，在选择的位置将保存相应的图层状态文件（.las），如图 5-14 所示。

图 5-13 已设置了图层状态的"图层状态管理器"　　图 5-14 "输出图层状态"对话框

（2）输入图层状态

若要在现有的图层中输入已保存的图层状态文件，可在"图层状态管理器"对话框中单击按钮 输入(M)... ，弹出"输入图层状态"对话框。选择文件类型为"图层状态（*.las）"，选择要输入的图层状态文件，单击"打开"按钮即可。如图 5-15 所示。

图 5-15 "输入图层状态"对话框

🕮注意：如果图层状态从 las 文件中输入，且包含图形中不存在的线型或打印样式特性，则系统将显示一条消息，通知用户无法恢复特性。

5.1.2 用"特性"查看和设置对象参数

1. 对象"特性"

用户可以通过"特性"面板或"特性"工具栏单独为图形设置颜色、线型和线宽打开"特性"面板的方法如下所述。

1）可通过 Ctrl＋1 组合键或"properties"命令打开"特性"面板，如图 5-16 所示。

2）可通过打开选项面板找到"特性"面板，如图 5-17 所示。

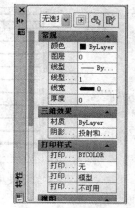

图 5-16　特性面板

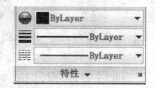

图 5-17　选项卡中的"特性"面板

3）可通过下拉菜单：执行"工具"|"工具栏"|"AutoCAD"|"特性"命令，打开"特性"工具栏，如图 5-18 所示。

图 5-18　"特性"工具栏

2. 设置对象的颜色

选择要改变颜色的图形并单击"特性"工具的颜色下拉列表，从中选择颜色即可，如图 5-19 所示。

> ⚠注意：通过以上方法设置（Bylayer 除外）颜色和应用于此后所绘制的图形对象，将与图层的颜色设置无关。

3. 设置对象的线型

选择要改变线型的图形并单击"特性"工具线型下拉列表，从中选择线形即可，如图 5-20 所示。

图 5-19　使用"特性"工具栏改变颜色

图 5-20　使用"特性"工具栏改变线型

△注意：通过以上方法设置线型（Bylayer除外）和应用于此后所绘制的图形对象，将与图层的线型设置无关。

4. 设置对象的线宽

选择要改变线宽的图形并单击"特性"工具线宽下拉列表，从中选择线宽即可，如图 5-21 所示。

△注意：通过以上方法设置线宽（Bylayer除外）和应用于此后所绘制的图形对象，将与图层的线宽设置无关。

图 5-21　使用"特性"工具栏改变线宽

5.2　项目要求和分析

1. 项目要求

建立如图 5-22 所示的 A3 幅面的样板图文件。标题栏放大效果如图 5-23 所示。

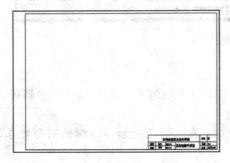

图 5-22　A3 样板图

四川建筑职业技术学院				图号	01
制图	张三	2011-1	某住宅楼平面图	比例	1：1
校核	李四	2011-2		班级	设计 1101

图 5-23　标题栏放大效果

2. 项目分析

当用 AutoCAD 制图时，首先要设置图幅、图层、文本样式、标注尺寸样式，绘制图纸边框、标题栏以及设置绘图单位、精确度等。为了提高设计绘图效率，且使绘图风格统一，可以将这些设置一次完成，并且将其保存为样板文件，以便每次绘图时直接调用。

样板图的设置要符合国家标准，主要包含设置纸张大小、绘图精度，图层中的线型、线宽和颜色，设置文字样式、尺寸标注样式，绘制图线框和标题栏等。

5.3　项目实施

步骤 1：新建图形文件

1）在工具栏中单击图标，弹出图 5-24 所示的"选择样板"对话框。从"名称"列表框中选择"acadiso.dwt"文件，单击"打开"按钮，新建一个 AutoCAD 文件。

图 5-24 "选择样板"对话框

📖小知识：新建文件的其他方法如下。

1）工具栏：在"标准"工具栏中单击 。

2）下拉菜单：执行"文件"|"打开"命令。

3）命令行：Open。

4）按 Ctrl＋O 组合键。

2）执行"格式"|"单位"命令，打开"图形单位"对话框。修改长度精度为 0，单位为 mm，其他为默认，如图 5-25 所示。

✂小技巧："图形单位"对话框也可由键盘输入命令 units（或 un）后，按 Enter 键打开。

3）执行"格式"|"图形界限"命令，或键盘输入命令 limits。命令行提示信息如下所示。

图 5-25 "图形单位"对话框

命令：limits
重新设置模型空间界限：
指定左下角点或 [开（ON）/关（OFF）]＜0.0，0.0＞：0，0
指定右上角点＜420.0，297.0＞：420，297 指定左下角为原点，右上角为"420，297"。

📖小知识：

1）单击状态栏中的"删格"按钮 ，可观察图纸的全部范围。

2）根据《房屋建筑制图统一标准》GB/T 50001—2001 中的规定，建筑工程图纸的幅面及图框尺寸应符合表 5-1 的规定，A3 横式图框应按图 5-26 进行布局。所以本项目所画样本图框的尺寸如图 5-27 所示。

表 5-1　幅面及图框尺寸 　　　　　　　　（单位：mm）

尺寸代号＼幅面代号	A0	A1	A2	A3	A4	A5
b×1	841×1189	594×841	420×594	297×420	210×420	148×210
c		10			5	
a			25			

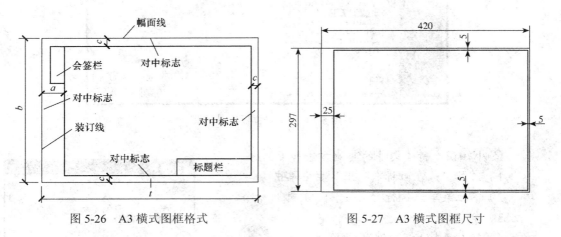

图 5-26　A3 横式图框格式 　　　　　　　　图 5-27　A3 横式图框尺寸

　　在命令行中输入 zoom 命令并按回车键，选择"全部（A）选项"，显示幅面全部范围。

　　步骤 2：设置图层

　　1）在"图层"工具栏中单击图标 ，弹出"图层特性管理器"窗口。设置如图 5-28 所示的图层，并设定颜色及线型。

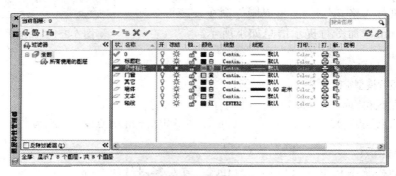

图 5-28　样板图中的图层

　　📖**小知识**：工程建筑制图图层的颜色可以随意设置，但线型必须按表 5-2 的标准设定。

表 5-2 建筑制图的线型要求

名　称		线　型	线　宽	一般用途
实线	粗	——————	b	主要可见轮廓线
	中	——————	0.5b	可见轮廓线
	细	——————	0.25b	可见轮廓线、图例线
虚线	粗	— — — — ·	b	见各有关专业制图标准
	中	— — — — —	0.5b	不可见轮廓线
	细	— — — — —	0.25b	不可见轮廓线、图例线
单点长画线	粗	— · — · —	b	见各有关专业制图标准
	中	— · — · —	0.5b	见各有关专业制图标准
	细	— · — · —	0.25b	中心线,对称线等
双点长画线	粗	— · · — · ·	b	见各有关专业制图标准
	中	— · · — · ·	0.5b	见各有关专业制图标准
	细	— · · — · ·	0.25b	假想轮廓线、成型前原始轮廓线
折断线		——/\——	0.25b	断开界线
波浪线		～～～～	0.25b	断开界线

2）关闭"图层特性管理器"对话框。

步骤 3：设置文字样式

1）执行"格式"|"文字样式"命令，弹出"文字样式"对话框。建立"汉字"样式和"数字"样式，如图 5-29 所示。汉字样式采用"仿宋_GB2312"字体，宽度因子设为 0.8，用于填写标题栏、门窗列表中的汉字样式等；数字样式采用"Simplex.shx"字体，宽度因子设为 0.8，用于数字及特殊字符的书写。

图 5-29 "文字样式"对话框

2）关闭"文字样式"对话框。

步骤 4：设置标注样式

1）执行"格式"|"标注样式"命令，弹出"标注样式管理器"对话框，如图 5-30 所示。

2）在"标注样式管理器"对话框中单击"新建"按钮，弹出"创建新标注样式"对话框。选择"基础样式"为"ISO-25"，在"新样式名"文本框中输入"建筑"样式名，如图 5-31 所示。

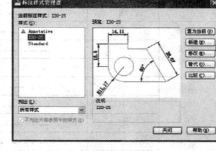

图 5-30 "创建新标注样式"对话框   图 5-31 "标注样式管理器"对话框

3）单击"继续"按钮，在"新建标注样式：建筑"对话框中，单击"线"选项卡，将"延伸线"选项区域中的"起点偏移量"值设为 3，如图 5-32 所示。

4）单击"符号和箭头"选项卡，在"箭头"选项区域中，将箭头的格式设置为"建筑标记"，如图 5-33 所示。

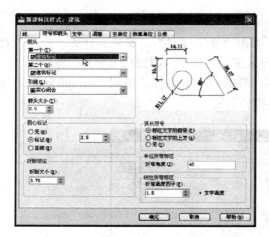

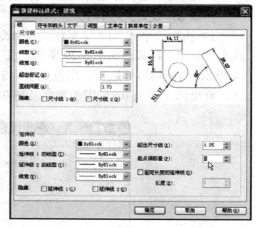

图 5-32 "符号和箭头"选项卡   图 5-33 "线"选项卡设置

5）单击"文字"选项卡，在"文字外观"选项区域中，从文字下拉列表框中选择"数字"文字样式，"文字高度"设置为 3.5，如图 5-34 所示。

6）单击"调整"选项卡，在"文字位置"选项区域中选中"尺寸线上方，不带引线"单选按钮，如图 5-35 所示。

7）单击"主单位"选项卡，将"线性标注"选项区域的"单位格式"设置为"小数"，精度设置为"0"，如图 5-36 所示。

8）单击"确定"按钮，回到"标注样式管理器"对话框。在"样式"列表框中选择"建筑"标注样式，单击"置为当前"按钮，如图 5-37 所示，最后单击"关闭"按

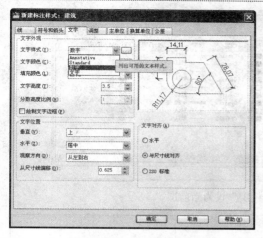

图 5-34 "文字"选项卡设置

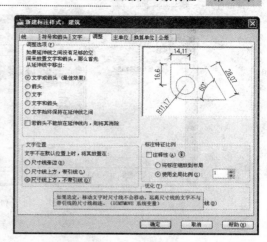

图 5-35 "调整"选项卡设置

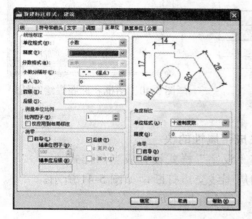

图 5-36 "主单位"选项卡设置

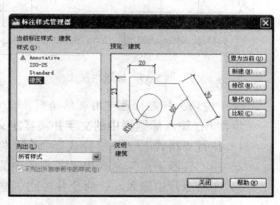

图 5-37 建立"建筑"标注样式

钮完成"建筑"标注样式的设置。

步骤 5：绘制图框和标题栏

1）打开"图层特性管理器"对话框，将"标题栏层"设为当前层，如图 5-38 所示。

2）单击"绘图"面板中的"矩形"命令按钮，在命令行中输入如下命令。

命令：rectang
指定第一个角点或 [倒角（C）/标高（E）/圆角（F）/厚度（T）/宽度（W）]：0，0
指定另一个角点或 [面积（A）/尺寸（D）/旋转（R）]：@420，297 //绘制 420×297 的幅面线
命令：rectang
指定第一个角点或 [倒角（C）/标高（E）/圆角（F）/厚度（T）/宽度（W）]：25，5
指定另一个角点或 [面积（A）/尺寸（D）/旋转（R）]：@415，292 //绘制图框线

3）用直线、偏移和修剪等命令在图框线的右下角绘制标题栏。标题栏尺寸如图 5-39 所示，绘制的图框线和标题栏效果如图 5-40 所示。

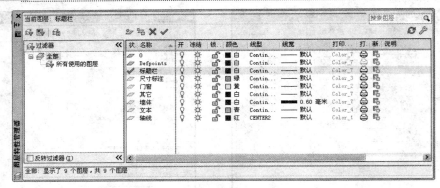

图 5-38　将"标题栏层"设为当前层

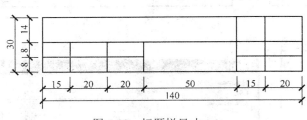

图 5-39　标题栏尺寸

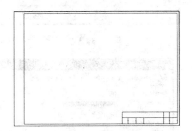

图 5-40　图框和标题栏绘制结果

✖**小技巧**：标题栏也可用表格绘制。

步骤 6：输入标题栏中的文字并将其定义成带属性的块

1）执行"格式"|"文字样式"命令，将"汉字"样式设置成当前样式。

2）用"打断于点"命令按钮🗁将图中的周围线交点打断，如图 5-41 所示。

3）在命令行中输入 text 命令并按回车键，命令行提示如下。

命令：text
当前文字样式："汉字"文字高度：5.0注释性：否
指定文字的起点或[对正（J）/样式（S）]：j
输入选项
[对齐（A）/布满（F）/居中（C）/中间（M）/右对齐（R）/左上（TL）/中上（TC）/右上（TR）/左中（ML）/正中（MC）/右中（MR）/左下（BL）/中下（BC）/右下（BR）]：mc
指定文字的中间点：//该点位于图 5-42 中两条对象追踪线的交点处。
指定高度＜5.0＞：3.5
指定文字的旋转角度＜0＞：//回车后，输入文字"制图"

如图 5-43 所示，然后两次按回车键结束命令。

4）运用复制命令复制"制图"文字到其他要输入文字的位置，然后在命令行中输入文字修改命令 ed 并按回车键。依次修改各个文字内容，建立好标题栏中的固定文字，如图 5-44 所示。

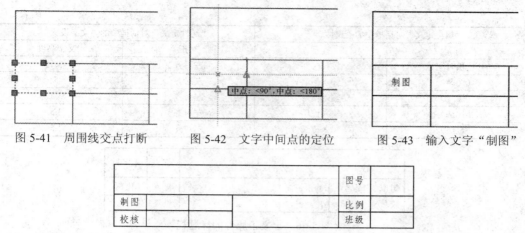

图 5-41　周围线交点打断　　　　图 5-42　文字中间点的定位　　　　图 5-43　输入文字"制图"

			图号	
制图			比例	
校核			班级	

图 5-44　标题栏中的固定文字

　　5）单击"块"面板中的属性定义按钮，弹出"属性定义"对话框。设置其参数如图 5-45 所示，单击"确定"按钮。

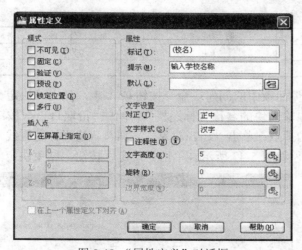

图 5-45　"属性定义"对话框

　　6）把标记为"校名"的属性插入到标题栏相应位置，然后重复步骤 5）操作，分别在"属性定义"对话框中定义如表 5-3 所列的"属性"和"文字设置"项，并插入相应的标题栏的单元格中。最终效果如图 5-46 所示。

表 5-3　需要定义的"属性"和"文字设置"项

"属性定义"对话框中的"属性"		"属性定义"对话框中的"文字设置"	
标记	提示	对正	文字高度
（姓名）	输入制图人姓名	正中	3.5
（姓名）	输入校核人姓名	正中	3.5
（制图时间）	制图时间	左对齐	3.5

续表

"属性定义"对话框中的"属性"		"属性定义"对话框中的"文字设置"	
标记	提示	对正	文字高度
（校核时间）	校核时间	左对齐	3.5
（图名）	输入图名	左对齐	5
（图号）	输入图号	左对齐	3.5
（比例）	输入比例	左对齐	3.5
（班级）	输入班级	左对齐	3.5

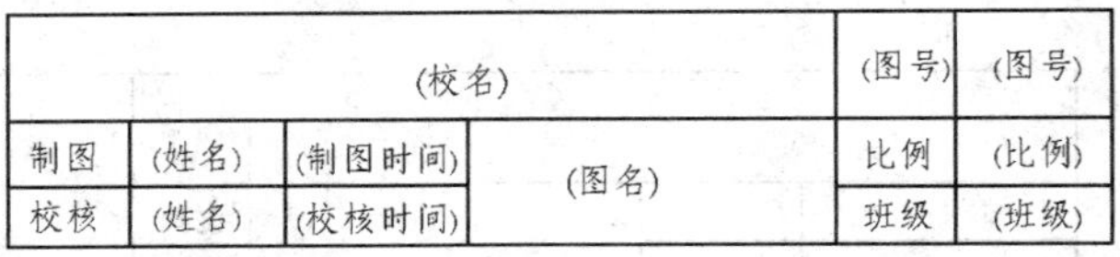

				（图号）	（图号）
	（校名）			（图号）	（图号）
制图	（姓名）	（制图时间）	（图名）	比例	（比例）
校核	（姓名）	（校核时间）		班级	（班级）

图 5-46　定义了属性的标题栏

7）修改图框线的线宽为 1.0，标题栏外框线的线宽为 0.7，标题栏内格线的宽度为 0.35。

📖小知识：《房屋建筑制图统一标准》GB/T 50001—2001 中规定图框线和标题栏线的宽度如表 5-4 所示。

表 5-4　图框线和标题栏线的宽度

图纸幅面	图　线　框	标题栏外框线	标题栏分格线，会签栏线
A0、A1	1.4	0.7	0.35
A2、A3、A4	1.0	0.7	0.35

8）单击"块"面板中的创建块命令按钮 🔲 创建，弹出"块定义"对话框。在"名称"下拉列表框中输入块的名称"标题栏"，单击"拾取目点"按钮🔲，捕捉标题栏的右下角点作为块的基点；单击"选择对象"按钮🔲，选择标题栏线及其内部文字；选中"删除"单选按钮，如图 5-47 所示。单击"确定"按钮，结束块定义。

图 5-47　"块定义"对话框

步骤 7：把"标题栏"块插入图框线，完成样板图

1）单击"常用"|"块"面板中的"插入块"命令按钮🔲，弹出"插入"对话框，如图 5-48 所示。从"名称"下拉列表框中选择"标题栏"，单击"确定"按钮。

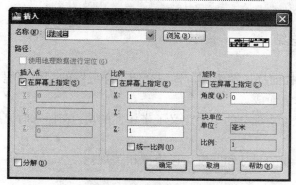

图 5-48   插入"标题栏"块

2）选择图框线的右下角为插入基点，单击，根据下面命令行提示输入各项参数，依次按回车键结束。

命令：insert
指定插入点或［基点（B）/比例（S）/X/Y/Z/旋转（R）］：
输入属性值
输入学校名称：四川建筑职业技术学院
输入制图人姓名：张三
输入校核人姓名：李四
制图时间：2011-1
校核时间：2011-2
输入图名：某住宅楼平面图
输入图号：01
输入比例：1∶1
输入班级：设计 1101

3）块插入效果如图 5-22 和图 5-23 所示。将该文件保存为样板文件"A3 建筑图模板.dwt"，如图 5-49 所示，完成项目任务。

图 5-49   保存样板文件

5.4 项目总结

本项目以 A3 幅面样板图为例，详细介绍了样板图的制作过程，其他幅面的样板图可以在此基础上修改而成。

标题栏中内容可变部分的文字定义了带属性的块，在插入时可以根据需要输入不同的内容。

标题栏和图框线的尺寸和宽度可以根据相关规范设置。

5.5 项目拓展

机械样板图的绘制方法与建筑样板图相似，但参考的国家标准不同，现对机械制图国家标准规范作一简介。无特别说明处，以下图中单位均为 mm。

1. 图纸幅面和格式

图纸幅面和格式由国家标准《技术制图图纸幅面和格式》GB / T 14689—1993 规定。

（1）图纸幅面

图纸幅面指的是图纸宽度与长度组成的图面。绘制技术图样时应优先采用表 5-5 所规定的基本幅面。必要时也允许加长幅面。

表 5-5　图纸幅面及图框格式尺寸

幅面代号	A0	A1	A2	A3	A4
B×L	841×1189	594×841	420×594	297×420	210×297
e	20			10	
c	10			5	
a	25				

注：在 CAD 绘图中对图纸有加长、加宽的要求时，应按基本幅面的短边（B）成整数倍增加。

图纸幅面形式分为有装订边或无装订边的图纸幅面，如图 5-50 所示。

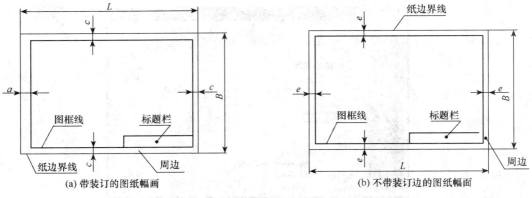

(a) 带装订的图纸幅画　　　　　　(b) 不带装订边的图纸幅面

图 5-50　图纸幅面

（2）标题栏和明细表（GB/T 10609.1—1989）

每张图纸上都必须画出标题栏，装配图有明细表。标题栏按图 5-51 所示绘制和填写，明细表按图 5-52 所示绘制和填写。明细栏一般配置在装配图中标题栏的上方，按由下而上的顺序填写。

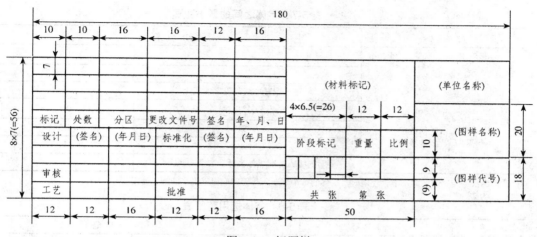

图 5-51　标题栏

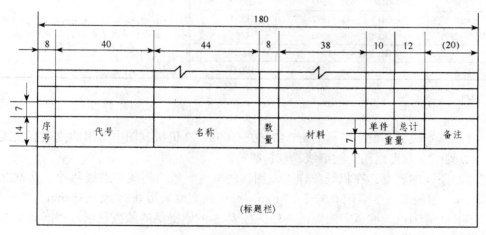

图 5-52　明细表

2. 字体（GB/T 14691—1993）

CAD 工程图中所用的字体应按 GB/T 13362.4～13362.5 和 GB/T 14691 要求，并应做到字体端正、笔画清楚、排列整齐、间隔均匀。字体与图纸幅面之间的大小关系见表 5-6，字体的最小字（词）距、行距以及间隔线或基准线与书写字体之间的最小距离见表 5-7，字体选用范围见表 5-8（单位：mm）。

表 5-6　字体与图纸幅面之间的大小关系

图幅 字体	A0	A1	A2	A3	A4
字母数字	3.5				
汉字	5				

表 5-7　字体之间的最小距离

字　　体	最 小 距 离	
汉　字	字距	1.5
	行距	2
	间隔线或基准线与汉字的间距	1
拉丁字母、阿拉伯数字、 希腊字母、罗马数字	字符	0.5
	词距	1.5
	行距	1
	间隔线或基准线与字母、数字的间距	1

注：当汉字与字母、数字混合使用时，字体的最小字距、行距等应根据汉字的规定使用。

表 5-8　字体选用范围表

汉字字型	国家标准号	字体文件名	应 用 范 围
长仿宋体	GB/T 13362.4～13362.5—1992	HZCF. *	图中标注及说明的汉字、标题栏、明细栏等
单线宋体	GB/T 13844—1992	HZDX. *	
宋体	GB/T 13845—1992	HZST. *	大标题、小标题、图册封面、目录清单、 标题栏中设计单位名称、图样名称、 工程名称、地形图等
仿宋体	GB/T 13846—1992	HZFS. *	
楷体	GB/T 13847—1992	HZKT. *	
黑体	GB/T 13848—1992	HZHT. *	

3．图线

1）基本线型。根据国标 GB/T 17450－1998，在机械制图中常用的线型有实线、虚线、点画线、双点画线、波浪线、双折线等。

2）图线的宽度。在机械图样上，图线的宽度一般为粗线和细线两种，其宽度之比为 2∶1，粗线的宽度采用 0.5 或 0.7 mm，细线的宽度采用 0.25 或 0.35 mm。

3）线的颜色。屏幕上的图线一般应按表 5-9 中提供的颜色显示，相同类型的图线应采用同样的颜色。

表 5-9　图线的颜色

图 线 类 型		屏幕上的颜色	图 线 类 型		屏幕上的颜色
粗实线	▬▬▬▬	白色	虚线	▬ ▬ ▬ ▬	黄色
细实线	——	绿色	细点画线	— · — ·	红色
波浪线	∼∼∼		粗点画线	▬ · ▬ ·	棕色
双折线	⌐√⌐√		双点画线	▬ ·· ▬ ··	粉红色

4. 图层、线型和字体

（1）图层设置

机械制图中一般按表 5-10 所示的标准建立相应的图层。

表 5-10　机械制图的图层要求

图 层 名	线型的使用方面	线 型	颜色	线宽/mm
粗实线	可见轮廓线，可见棱边线	continuous	白色	0.5
细实线	尺寸线，尺寸线界线，剖面线，引出线	continuous	绿色	0.25
粗虚线	允许表面处理的表示线	ACAD_ISO02W100	黄色	0.5
细虚线	不可见棱边或轮廓线	ACAD_ISO02W100	黄色	0.25
细点画线	轴线，对称中心线，分度圆线等	ACAD_ISO04W100	红色	0.25
粗点画线	限定范围表示线	ACAD_ISO04W100	棕色	0.5
细双点画线	假想投影轮廓线，中断线	ACAD_ISO05W100	粉色	0.25
尺寸标注	尺寸标注，投影连线，尺寸终端 与符号细实线	continuous	绿色	0.25
细文本	文本（细实线）	continuous	绿色	0.25

（2）字体样式设置

用 style 命令设置常用的字体样式，一般可将"standard"样式中的英文字体用"gbenor.shx"或"gbeitc.shx"，中文大字体用"gbcbig.shx"。另外根据需要可新建"仿宋体"样式，采用 Windows 的字体"仿宋_GB2312"并将字体宽度比例设为 0.7。

5.6　思考与练习

1．如何使用已建成的样板图文件来绘制图形？

2．根据图 5-53 所示的简化了的装配图或零件图标题栏格式，制作机械行业的简化样板文件。尺寸幅面为 A3。

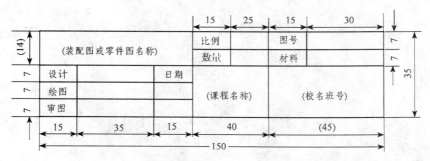

图 5-53　装配图（零件图）

注：主框线线型为粗实线（b）；分格线为细实线（b/4）。

第 **6** 章

尺寸的标注与管理

基本图形绘制完成以后，只有对图形的各个细节标注尺寸，才能明确图形的实际大小和各部分的相对位置。每个行业都有其特定的制图标准，只有遵循了这些标准，所绘制的图形才符合要求。AutoCAD 具有标注样式的创建和修改功能，可以快速方便地创建标注样式。系统还提供了丰富的标注命令，掌握了这些命令，可以实现多种形式的标注。

 ## 6.1 知识链接

6.1.1 常用标注的创建

1. 创建线性标注

线性标注是最基本的标注，用于标注水平图线的长度或垂直图线的高度。

命令行：dimlinear。

命令 dimlinear 的操作要点：①在系统的提示下，捕捉被标注对象的起点和终点；②确定标注文字的位置、样式和内容，操作效果如图 6-1 所示。

> **注意**：通常应该采用 CAD 系统自动给出的标注文字（默认标注），默认标注文字具有尺寸关联性（当该部分图形被缩放时，系统自动计算并更新尺寸）。

2. 创建对齐标注

该命令可以标注任意方向的尺寸。

命令行：dimaligned。

命令操作要点与 dimlinear 命令类似，其操作效果如图 6-2 所示。

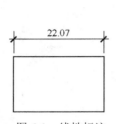

图 6-1　线性标注

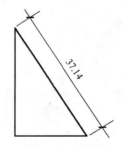

图 6-2　对齐标注

> **注意**：标注对象的组成包括延伸线（垂直于被标注图线的两根短线）、箭头。如图 6-2 所示为建筑行业规范的标注样式，箭头为两根短粗黑线；尺寸线（平行于被标注图线的细实线）和标注文字。

3. 创建半径和直径标注

命令行：dimradius（或 dimdiameter）

　　命令 dimradus 的操作要点：①根据系统提示信息拾取圆（选择圆弧或圆）；②拖动光标指定尺寸线位置（系统自动给出标注文字），效果如图 6-3 所示。

4．创建角度标注

角度标注用于标注两条图线之间的角度或圆弧的角度。

命令行：dimangular。

命令 dimangular 的操作要点：①按系统提示（选择圆弧、圆、直线或<指定顶点>:）选择角的第一条边；②提示（选择第二条直线:）选择角的第二条直线；③按系统提示指定标注位置，其效果如图 6-4 所示。

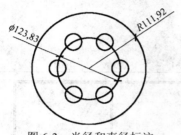
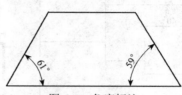

图 6-3　半径和直径标注　　　　　　　　图 6-4　角度标注

5．创建基线标注

多个标注具有同一个界线。各个标注的第二条界线一次偏移一个距离。创建基线标，必须先创建一个线性标注。

命令行：dimbaseline

命令：dimlinear
系统提示：指定第一条延伸线原点<选择对象>:
操作：捕捉点 1
系统提示：指定第二条延伸线原点:
操作：捕捉点 2
系统提示：指定尺寸线位置或[多行文字（M）/文字（T）/角度（A）/水平（H）/垂直（V）/旋转（R）]:
操作：拖动鼠标到适当位置并单击左键。
命令：dimbaseline
系统提示：指定第二条延伸线原点或[放弃（U）/选择（S）] <选择>:
操作：捕捉第二个标注的第二条延伸线位置。

效果如图 6-5 所示。

6．创建连续标注

与基线标注一样，创建连续标注必须先创建线性标注。连续标注将前一个尺寸的第二条延伸线作为后一个尺寸的起点。

命令行：dimcontinue。

命令：dimlinear　　　　//创建线性标注

命令：dimcontinue　　　　　//启动连续标注命令

系统提示：指定第二条延伸线原点或[放弃（u）/选择（s）]<选择>：根据提示指定第二条延伸线起点。

标注文字＝1603　　　　系统显示标注数值

重复步骤，创建标注70、120。操作效果如图6-6所示。

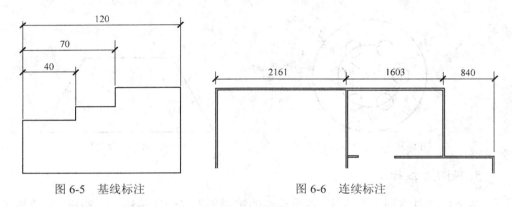

图6-5　基线标注　　　　　　　　　　图6-6　连续标注

7. 创建引线标注

使用 mleader 命令可以创建连接注释与被注释对象的引线。创建多重引线标注前，可以先使用 mleaderstyle 命令对引线样式进行设置。

命令行：mleaderstyle。

使用命令或菜单打开"多重引线样式管理器"对话框。单击"新建"按钮，从中设定样式名称，并选取基础样式。在新弹出的"修改多重引线样式"对话框中分别对多重引线的格式、结构和内容进行设置，如图6-7所示。

命令行：mleaer。

按系统提示指定引线箭头位置，指定引线基线位置。当系统显示"文字输入编辑器"后，输入引线注释文字。效果如图6-8所示。

8. 创建圆心标记

圆心标记命令用于创建圆和圆弧的圆心标记。

命令行：dimcenter。

启动命令后，根据提示选择圆弧或圆即可，效果如图6-9所示。

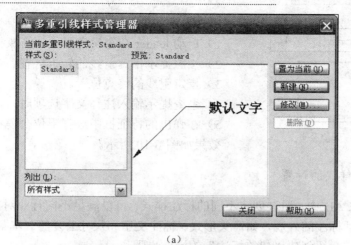

（a）

（b）

图 6-7　创建引线

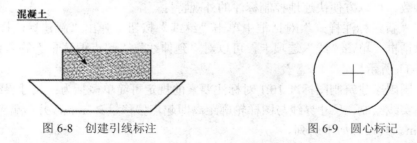

图 6-8　创建引线标注　　　　　　　图 6-9　圆心标记

9．形位公差

形位公差是图形元素的轮廓形状、方向、位置的最大误差与几何图形的跳动允许偏差。在 AutoCAD 中，可以通过"特征控制框"对图形中的形位公差进行标注。

命令行：leader。

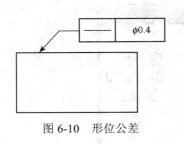

图 6-10　形位公差

操作步骤如下。

1）启动 leader 命令设定引线的箭头指向图形位置。

2）按照提示指定引线的转折位置。

3）指定引线的终点位置。

4）系统提示输入注释文字选项时，按 Enter 键。

5）在弹出的特征框中选择形位公差符号与参数。

效果如图 6-10 所示。

6.1.2　标注样式的设置

在 AutoCAD 中，通过创建不同的标注样式，可以满足不同行业对尺寸标注的需求。标注样式包括标注的外观，如箭头形式、标注文字和尺寸公差等。本章主要以建筑制图标准为依据，介绍创建"建筑标注"的操作步骤。

1．标注样式命令

执行方式如下。

1）菜单栏：执行"格式"|"标注样式"命令。

2）命令行：dimstyle（或 D）

启动样式标注命令后，弹出"标注样式管理器"对话框。在"标注样式管理器"对话框中单击"新建"按钮，弹出"创建新标注样式"对话框，从中创建新的标注样式。选择一个已有的标注样式作为基础标注样式，常见的"基础样式"为"ISO-25"。在"新样式名"文本框中输入"建筑标注"样式名，如图 5-30 和图 5-31 所示。

2．设置尺寸线

标注样式的几何参数可通过"标注样式窗口"内的两个选项卡进行设置。通过设置这些参数，可以方便快速地控制标注的外观特性。

在"新建标注样式"对话框中单击"继续"按钮，弹出"新建标注样式：建筑标注"对话框。单击"线"选项卡，可以对"延伸线"、"起点偏移量"等参数进行设置，如图 6-11 所示。

中国国家建筑制图标准 10.1 对标注要素的规定可简单概括为：尺寸界线（延伸线）应用细实线绘制，尺寸界线与图样轮廓距离即起点偏移量≥2mm，另一端应超出尺寸线2～3mm。其设置如下所列。

1）线的"颜色"、"线型"、"线宽"：通常不需特别设置，采用 AutoCAD 默认设置 ByBlock（随块）即可。

2）"超出标记"：即尺寸线超出延伸线的距离。只有在用户采用"建筑标记"或"倾斜"作为箭头符号时，该选项被激活。通常采用默认值 0。

3）"基线间距"：即尺寸线与基础尺寸的距离。建筑制图标注规定为 7～10mm。

4）"隐藏"：控制两条尺寸线的是否隐藏。通常被选中。

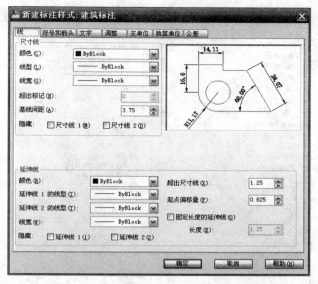

图 6-11　"线"选项卡

5）"超出尺寸线"：设为 2～3mm，建议设为 3mm。

6）"起点偏移量"：制图标准规定，尺寸界线即延伸线应离开被标注对象 2mm 以上。推荐值为 5、10mm。

7）"固定长度的延伸线"：选中该复选框，可在"长度"文本框中输入尺寸界线的固定值。该值根据实际图形的大小进行设置。

3．符号和箭头

单击"符号和箭头"选项卡，在"箭头"选项区域中进行设置，效果如图 6-12 所示。"箭头"是尺寸的起点和终端标记，制图标准规定尺寸线的起止符为中 45°倾斜短线，长度为 2～3mm。

4．文字

在"文字"选项卡中可以对尺寸文字进行设置，包括文字外观、位置和对齐方式，如图 6-13 所示。

1）"文字样式"：可单击 按钮，打开"文字样式"对话框，从中新建标注专用文字样式。创建新的文字样式后，返回"文字"选项卡并使用该文字样式。

2）"文字高度"：指定标注文字的高度，该数值保存在系统变量 DIMTXT 中，可以通过该系统变量显示、修改文字高度参数。

3）"分数高度比例"：设置相对于标注文字的分数比例。仅当在"主单位"选项卡中选择"分数"作为"单位格式"时，此选项才可用。在此处输入的值乘以文字高度，可确定标注分数相对于标注文字的高度（DIMTFAC 系统变量）。

4）"绘制文字边框"：如果选中复选框，则在标注文字周围加边框，建筑制图不选中。

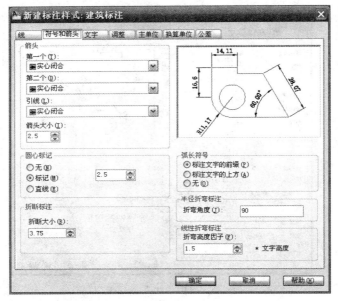

图 6-12 "符号和箭头"选项卡

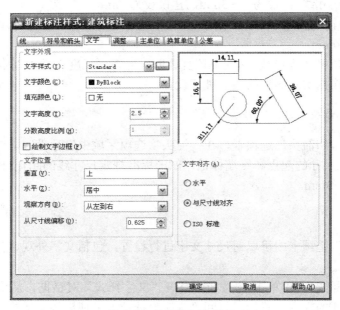

图 6-13 "文字"选项卡

5）"文字位置"：依据建筑制图标准，文字垂直位置应居于尺寸线"上方"，水平"居中"，观察方向"从左到右"，对齐方向"与尺寸线对齐"。尺寸线偏移的推荐值为 2mm。

5．调整

设置"调整"选项卡内的参数，可以对标注文字、尺寸线、尺寸箭头等标注元素进行调整，其中"标注特征比例"是标注样式设置中的重要参数，如图 6-14 所示。

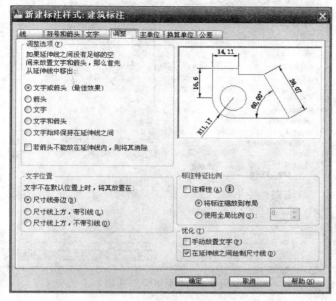

图 6-14　调整选项卡

1）"调整选项"：选择一个规则，决定当延伸线之间可用空间较小时文字和箭头的位置。

2）"文字位置"：当尺寸文字不能按照"文字"选项卡设定的位置放置时，该选项决定文字的"调整"办法。推荐选中"尺寸线上方，带引线"单选按钮。

3）"注释性"：指定标注为注释性标注。

4）"将标注缩放到布局"：根据当前模型空间视口和图纸空间之间的比例确定比例因子；当在图纸空间而不是模型空间视口中绘图时，或当 TILEMODE 设置为 1 时，将使用默认比例因子 1.0 或使用 DIMSCALE 系统变量。

5）"使用全局比例"：为所有标注样式设置一个比例，这些设置指定了大小、距离或间距，包括文字和箭头大小。该缩放比例并不更改标注的测量值（DIMSCALE 系统变量）。

6．主单位

"主单位"选项卡用于设置单位的格式、精度、比例因子等参数，如图 6-15 所示。

1）"单位格式"：设置除角度之外的所有标注类型的当前单位格式。

2）"精度"：显示和设置标注中的小数位数。建筑制图中取值 0。

3）"比例因子"：标注尺寸值与图元测量值的比值。

4）"仅应用到布局标注"：仅将测量单位比例因子应用于布局视口中创建的标注。除非使用非关联标注，否则，该设置应保持取消复选状态。

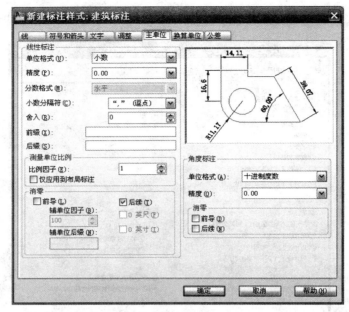

图 6-15　"主单位"选项卡

5）"消零"：设置是否消除线性标注文字中的前导零和后续零。

6）"角度标注"：分别在单位格式和精度两个框中设置标注的角度单位及精度。设置"消零"决定是否消除角度尺寸的前导零和后续零。

7. 换算单位

在如图 6-16 所示的"换算单位"选项中，选中"显示换算单位"复选框，可显示和设置除角度之外的所有标注类型的当前换算单位格式。设置换算单位后，在标注文字中同时显示两种单位的尺寸单位和数值。

1）"单位格式"：通常采用小数或工程格式。

2）"精度"：控制换算单位的小数位数。

3）"换算单位倍数"：指定一个乘数，作为主单位和换算单位之间的换算因子使用。例如，要将英寸转换为毫米，则输入 25.4。

4）"舍入精度"：设置舍入规则。如果输入 0.25，则所有标注测量值都以 0.25 为单位进行舍入；如果输入 1.0，则所有标注测量值都将舍入为最接近的整数。小数点后显示的位数取决于"精度"设置。

5）"前缀"：在换算标注文字中包含前缀。可以输入文字或使用控制代码显示特殊符号。例如，输入控制代码%%c，显示直径符号。

6）"后缀"：在换算标注文字中包含后缀。可以输入文字或使用控制代码显示特殊符号。例如，在标注文字中输入 cm 的结果如图 6-16 所示。

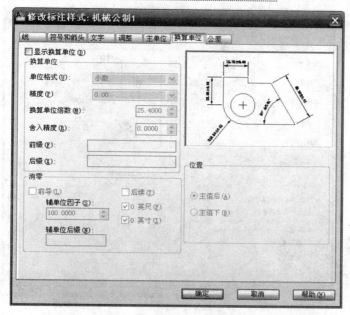

图 6-16 "换算单位"选项卡

7）"位置"：控制标注文字中换算单位的位置。"主值后"指将换算单位放在标注文字中的主单位之后；"主值下"指将换算单位放在标注文字中的主单位下面。

8）"消零"：参考主单位的消零设置。

8. 公差

在如图 6-17 所示的"公差"选项卡中，可以控制公差的格式和是否显示公差。

1）"公差格式"：常见公差格式如对称公差、极限偏差，它的标注样式如图 6-18 和图 6-19 所示。

2）"精度"：设置小数位数。

3）"上偏差"：设置最大公差或上偏差。如果在"方式"中选择"对称"选项，则此值将用于公差。

4）"下偏差"：设置最小公差或下偏差。

5）"高度比例"：设置公差文字的当前高度。计算出的公差高度与主标注文字高度的比例存在于 DIMTFAC 系统变量中。

6）"垂直位置"：控制对称公差和极限公差的文字对正。

7）"公差对齐"：堆叠时，控制上偏差值和下偏差值的对齐。

单击"确定"按钮，回到"标注样式管理器"对话框。在"样式"列表框中选择刚设置的标注样式，单击"置为当前"按钮，如图 6-20 所示，最后单击"关闭"按钮完成新标注样式的设置。

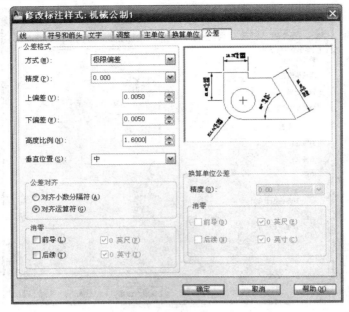

图 6-17 "公差"选项卡

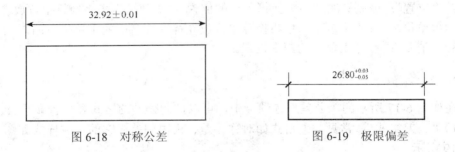

图 6-18 对称公差　　　　　　　　　　图 6-19 极限偏差

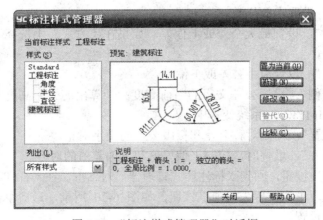

图 6-20 "标注样式管理器"对话框

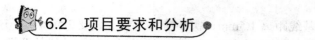

6.2　项目要求和分析

1.　项目要求

对如图 6-21 所示的图形进行标注，标注规范应遵循国家标准。

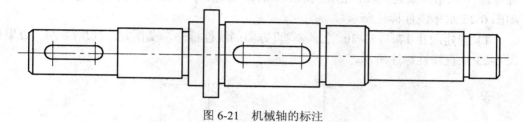

图 6-21　机械轴的标注

2.　项目分析

当用 AutoCAD 完成图形各部分的绘制后，必须按照行业标准，通过对各部分尺寸进行标注，对图形各个部分及其相互间的几何关系进行表述。本项目除了包括基本的线性标注、连续标注外，还有倒角和倒圆角等特殊标注。特殊标注必须先用线性标注，然后用标注编辑命令实现。

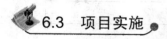

6.3　项目实施

完成如图 6-22 所示图形的水平线性标注。

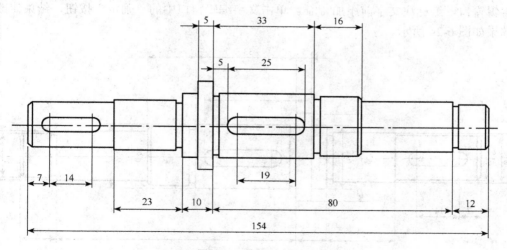

图 6-22　水平线性标注

操作步骤如下。

1）创建并应用机械标注样式：基线距离 1.5mm、实心箭头、文字高度 2.5mm。

2）创建 7、23 等线性标注：输入命令 dimlinear，根据系统提示捕捉尺寸线的两端点；指定尺寸文字的适当位置。

3）创建 14、10、80、12 等连续标注：输入命令 dimcontinue，按照系统提示选择线性标注 7 的第二条延长线；指定标注 14 的第二端点，指定尺寸文字的适当位置，效果如图 6-22 水平线性标注所示。

4）创建创建 17、15、30、22 等垂直方向的线性标注，操作方法同步骤 2），效果如图 6-23 垂直线性标注所示。

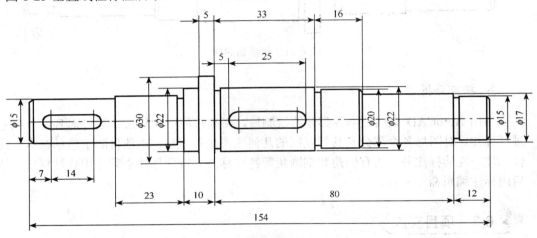

图 6-23   垂直线性标注

5）启动 ddedit 命令，按照系统提示分别选择创建的垂直方向的线性标注；在文字编辑窗口，给标注文字前添加%%c。单击文字编辑窗口中的"确定"按钮，结束修改。效果如图 6-24 所示。

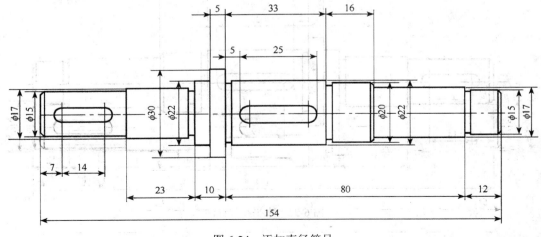

图 6-24   添加直径符号

6）图 6-25 给出了图样的三处倒角创建线性标注，操作方法如步骤 2）。

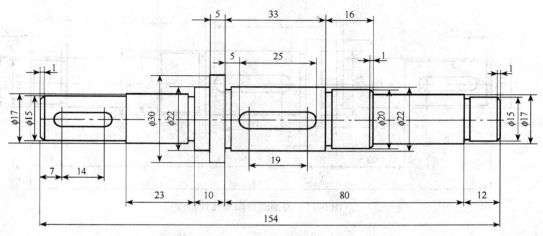

图 6-25 对倒角添加线性标注

启动命令 ddedit，选择前面创建的一个线性标注；在系统弹出的文字编辑窗口中的标注文字后添加 x45%%d；单击确定，结束修改。用同样的方法，修改其他两个倒角的标注。效果如图 6-26 所示。

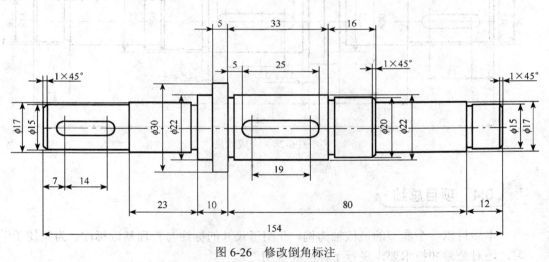

图 6-26 修改倒角标注

7）图 6-27 给出了图样的三处倒圆角创建线性标注，操作方法如步骤 2）。

启动命令 ddedit，选择前面创建的一个线性标注；在系统弹出的文字编辑窗口中的标注文字后添加 x45%%d；单击确定，结束修改。用同样的方法，修改其他两个倒角的标注。效果如图 6-28 所示。

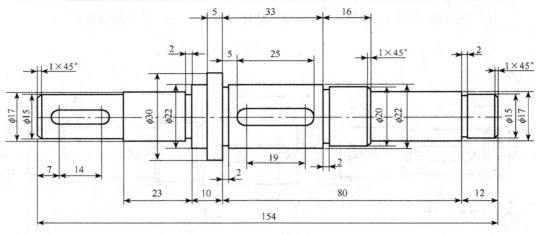

图 6-27 为倒圆角添加线性标注

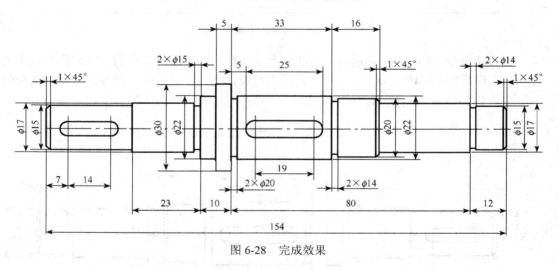

图 6-28 完成效果

6.4 项目总结

本项目以一个典型的机械轴为例，介绍了尺寸的标注与管理基础标注。为了便于学习，还对公差和技术要求进行了标注和说明。

6.5 思考与练习

1. 如何创建仅应用于个别标注类型的标注样式？
2. 通过修改对象特性命令，如何改变标注文字的位置？

第 **7** 章

三维绘图基础

AutoCAD 2010 除具备二维绘图功能外，还具备强大的三维绘图功能。利用用户坐标系可以让用户更方便地创建三维模型并减少绘制三维对象时的计算量；通过三维实体创建功能，用户能够创建各种类型的实体模型；通过三维编辑功能，能对三维图形进行各种处理，如布尔运算、三维阵列、实体拉伸、实体旋转等，以编辑出需要的图形。通过多种观察方式和着色方式，可以更加方便地观察和识别图形。

7.1 知识链接

7.1.1 三维绘图的基本术语

在学习三维绘图命令前，应先了解一些基本术语。

1）XY 平面：它是由 X 轴垂直于 Y 轴组成的一个平面，此时 Z 轴的坐标为 0。

2）Z 轴：是三维坐标系的第三轴，它总是垂直于 XY 平面。

3）高度：主要是 Z 轴方向上的坐标值。

4）厚度：主要是 Z 轴方向上的长度。

5）相机位置：在观察三维模型时，相机的位置相当于视点。

6）目标点：当用户眼睛通过照相机看某物体的时候，聚焦在一个清晰点上，该点就是目标点。

7）视线：假想的线，它是将视点和目标点连接起来的线。

8）和 XY 平面的夹角：即视线与其在 XY 平面的投影线之间的夹角。

9）XY 平面角度：即视线在 XY 平面的投影线与 X 轴之间的夹角。

7.1.2 世界坐标系和用户坐标系

1. 世界坐标系

AutoCAD 提供了两种类型的坐标系：世界坐标系（WCS）和用户坐标系（UCS）。

世界坐标系（world coordinate system，WCS）又称通用坐标系或绝对坐标系（如图 7-1 所示），是一种固定的坐标系，即原点和各坐标轴的方向固定不变。三维坐标与二维坐标基本相同，只是多了第三维坐标，即 Z 轴。在三维空间绘图时，需要指定 X、Y 和 Z 的坐标值才能确定点的位置。当用户以世界坐标的形式输入一个点时，可以采用直角坐标、柱面坐标和球面坐标的方式来实现。

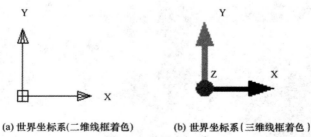

(a) 世界坐标系(二维线框着色)　　　(b) 世界坐标系(三维线框着色)

图 7-1　世界坐标系

（1）直角坐标

在三维坐标系中，通常 X 轴和 Y 轴的正方向分别指向右方和上方，而 Z 轴的正方向指向用户。当采用不同的视图角度时，X、Y 轴的正方向可能有所改变，这时可以根据"笛卡儿右手定则"来确定 Z 轴的正方向和各轴的旋转方向。

在该坐标系中，要指定三维坐标，可以用绝对坐标值表示，即输入"X，Y，Z"值。例如"60，80，70"，表示在 X 轴坐标为 60，Y 轴坐标为 80，Z 轴坐标为 70 的一个点；也可以用相对坐标值来表示点的三维坐标，即"@X，Y，Z"。

（2）柱面坐标

柱面坐标常用来定位三维坐标，它与二维空间的极坐标相似，但增加了该点距 XOY 平面的垂直距离。柱面坐标用三个参数来描述空间某点的位置，即该点与当前坐标系原点的距离，坐标系原点与该点的连线在 XY 面上的投影同 X 轴正方向的夹角，以及该点的 Z 坐标值。距离与角度之间要用符号"＜"隔开，而角度与 Z 坐标值之间要用逗号隔开。

（3）球面坐标

三维球面坐标与二维空间的极坐标相似，它用三个参数描述空间某点的位置，即该点距当前坐标系原点的距离，坐标系原点与该点的连线在 XY 面上的投影同 X 轴正方向的夹角，坐标系原点与该点的连线同 XY 面的夹角。三者之间要用符号"＜"隔开。

世界坐标系为默认情况下使用的坐标，是固定且不能被修改的。世界坐标系是二维绘图的基础坐标系。但是，由于在世界坐标系中计算三维坐标比较困难，则很多时候世界坐标系并不适合三维绘图。

2. 用户坐标系

用户坐标系（UCS）允许修改坐标原点的位置及 X、Y、Z 轴的方向，这样可以更方便地创建三维模型并减少绘制三维对象时的计算量。例如，rotate 命令只能使选中的对象绕 X 轴或 Y 轴旋转。如果想绕 Z 轴旋转对象，可以建立一个新的用户坐标系，使新坐标系的 X 轴或 Y 轴与原来的 Z 轴重合，这样就可以使用 rotate 命令了。

用户坐标系使用时可以定义任意多个坐标系，还可以给定义的坐标系赋予一个名称，将它们保存起来随时使用。但是在同一时间内，只能有一个坐标系是当前坐标系。下面介绍创建三维用户坐标系的方法。

1）菜单栏：执行"工具"|"新建 UCS"命令。

2）命令行：ucs。

3）工具栏：单击"UCS"图标。

4）命令功能：定义新的用户坐标系，常见的定义方法有如下几种。

① 指定三个点定义一个新的 XY 平面；或者指定一个点作为坐标原点，指定一个方向作为 Z 轴的正方向。

② 定义一个新的坐标原点，坐标轴的方向将取决于所选对象的类型。

③ 选择对象上的一个面作为新坐标系的 XY 面。

④ 使新坐标系的 XY 面与当前的视图方向垂直。

⑤ 沿任一坐标轴旋转当前的用户坐标系。

以上定义方法中的主要选项含义如下。

● "原点"：用于修改当前用户坐标系原点的位置，保持 X、Y 和 Z 轴的方向不变。

● "X/Y/Z"：常用的 UCS 定义方式，将坐标系分别绕 X 轴、Y 轴或 Z 轴旋转一定的角度生成新的用户坐标系，可以指定两个点或输入一个角度值来确定所需的角度，如图 7-2 和图 7-3 所示。

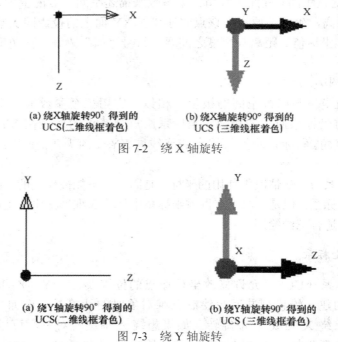

(a) 绕X轴旋转90° 得到的
UCS(二维线框着色)

(b) 绕X轴旋转90° 得到的
UCS (三维线框着色)

图 7-2　绕 X 轴旋转

(a) 绕Y轴旋转90° 得到的
UCS(二维线框着色)

(b) 绕Y轴旋转90° 得到的
UCS (三维线框着色)

图 7-3　绕 Y 轴旋转

● "Z 轴"：通过指定一点作为坐标原点，指定一个方向作为 Z 轴的正方向。

● "三点"：在设置新的用户坐标系时，是最简单的一种方法。只需选择三个点就可确定新坐标系的原点、X 轴与 Y 轴的正方向。

● "面"：将新用户坐标系的 XY 平面与所选实体的一个面重合。要选择一个面，在此面的边界内或面的边上单击即可，被选中的面将会亮显。新的用户坐标系的 X 轴将与找到的第一个面上的最近的边平行。

● "视图"：使新坐标系的 XY 平面与当前视图方向垂直，Z 轴与 XY 面垂直，而原点保持不变。这种创建坐标系的方式主要用于标注文字，当文字需要与当前屏幕平行而不需要与对象平行时，用此方式比较简单。

● "世界"：返回到该图的世界坐标系。

7.1.3 三维图形的观察

1. 使用三维动态观察方式观察三维图形

AutoCAD 2010 提供了具有交互控制功能的三维动态观察方式，利用它可以实时控制和改变当前视口中创建的三维视图，以得到用户期望的效果。

执行方式如下。

1）菜单栏：执行"视图"|"动态观察"命令。

2）命令行：3dorbit。

执行命令后，通过鼠标可对图形进行 360°的实时观察，如图 7-4 所示。要退出三维动态观察，右击，在弹出的快捷菜单中执行"退出"命令。

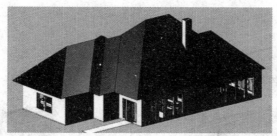

图 7-4 使用三维动态观察器观察图形

2. 使用固定视点观察三维图形

在 AutoCAD 2010 中，可使用固定视点观察三维图形，包括俯视、仰视、左视、右视、前视、后视、西南等轴测、东南等轴测、东北等轴测、西北等轴测方法对图形进行观察。使用这些固定视点，很多情况下可以更高效地对图形进行观察。对图 7-4 进行俯视、前视、西南等轴测观察的效果如图 7-5 所示。

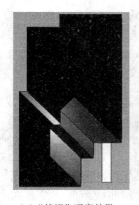

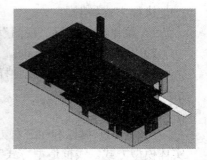

（a）"俯视"观察效果　　　　（b）"前视"观察效果　　　　（c）"西南等轴测"观察效果

图 7-5 效果

7.1.4 三维图形的着色

着色是对三维图形的一种简单颜色处理，主要是进行阴影处理，用来产生与现实明暗效果相对应的图像效果。着色主要包括以下方式：二维线框、三维线框、三维隐藏、概念、真实。其效果如图 7-6 所示。

（a）"二维线框"着色效果   （b）"三维隐藏"着色效果

（c）"概念"着色效果   （d）"真实"着色效果

图 7-6　着色效果

执行方式如下。

1）菜单栏：执行"视图"|"视觉样式"命令。

2）命令行：shademode。

3）工具栏：单击"视觉样式"中的 █▭◌◌●● █按钮。

7.1.5 三维实体的创建

AutoCAD 可以利用三种方式来创建三维图形，即线框造型方式、曲面模型方式和实体模型方式。线框造型方式为一种轮廓模型，它由三维的直线和曲线组成，没有面和体的特征。曲面模型用面描述三维对象，它不仅定义了三维对象的边界，而且还定义了表面具有面的特征。实体模型不仅具有线、面的特征，而且还具有体的特征，各实体对象间可以进行各种布尔运算操作，从而创建复杂的三维实体图形。本章主要介绍采用实体模式创建三维模型。

实体是具有封闭空间的几何形体，它具有质量、体积、重心、惯性矩、回转半径等体的特征。三维实体包括长方体、球体、圆柱体、圆锥体、楔体和圆环体等。本章以长方体和圆柱体为例，介绍它们的绘制方法。

1. 创建长方体

功能：创建实心的长方体或正方体。默认状态下，长方体的底面总是与当前的用户坐标系的 XY 平面平行。实心长方体可用以下两种方式创建，即指定长方体的中心点或指定一个角点。

执行方式如下。

1）菜单栏：执行"绘图"|"建模"|"长方体"命令。

2）命令行：box。

3）工具栏：单击"建模"中的▢图标。

在绘图过程中，可调用的参数作用如下。

● "中心"用于通过指定中心点创建长方体。效果如图 7-7 所示。

● "立方体"用于创建一个各边都相等的立方体。

● "长度"用于按指定的长、宽和高创建长方体。

2. 创建圆柱体

功能：圆或椭圆作底面的圆柱体。圆柱体是与拉伸圆或椭圆相似的一种基本实体，但它没有拉伸斜角。

可通过两种方式绘制圆柱体，即输入底面的圆心点或选择"椭圆"绘制底面为椭圆的圆柱体。其效果如图 7-8 所示。

图 7-7　长方体的绘制　　　　图 7-8　圆柱体的绘制

执行方式如下。

1）菜单栏：执行"绘图"|"建模"|"圆柱体"命令。

2）命令行：cylinder。

3）工具栏：单击"建模"中的 图标。

7.1.6 三维图形编辑

1. 布尔运算

布尔运算是数学上的一种逻辑运算，在 AutoCAD 绘图中，尤其当绘制比较复杂的图形时，对提高绘图效率具有很大作用。布尔运算的对象只包括实体和共面的面域，对于普通的线条图形对象无法使用布尔运算。

通常布尔运算包括并集、交集和差集三种，操作方法类似。

执行方式如下。

1）菜单栏：执行"修改" | "实体编辑" | "并集"或"交集"或"差集"命令。

2）命令行：union（并集）/intersect（交集）/subtract（差集）。

3）工具栏：单击 按钮。

（1）"并"运算（union）

功能：根据一个或多个原始的实体生成一个新的复合实体。在进行"并"操作时，实体或面域并不进行复制，因此复合体的体积只会等于或小于原对象的体积。如图 7-9 所示。

（a）进行"并"运算前　　　　　（b）进行"并"运算后

图 7-9 "并"运算

操作方法：执行"并"运算后，直接选择需要合并的对象并按回车键即可。

（2）"差"运算（subtract）

功能：命令用于从选定的实体中删除与另一个实体的公共部分。如图 7-10 所示。

操作方法：执行"差"运算后，先选择需要保留的对象并按回车键，再选择需要去除的对象并按回车键。

（3）"交"运算（intersect）

功能：将两个或多个对象的公共部分生成复合对象。如果选择的对象是实体，将计算两个或多个实体的公共部分的体积，并生成复合实体。如图 7-11 所示。

操作方法：执行"交"运算后，直接选择需要的对象并按回车键即可。

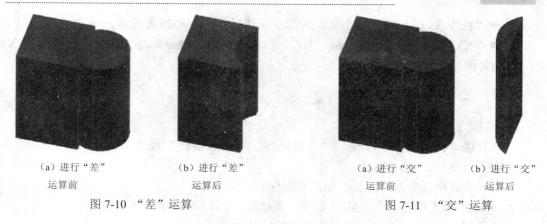

（a）进行"差"　　　（b）进行"差"　　　　　（a）进行"交"　　　（b）进行"交"
运算前　　　　　　运算后　　　　　　　　运算前　　　　　　运算后

图 7-10　"差"运算　　　　　　　　　　　图 7-11　"交"运算

2．三维阵列

执行方式如下。

1）菜单栏：执行"修改"|"三维操作"|"三维阵列"命令。

2）命令行：3darray。

3）工具栏：单击"建模"中的图标。

功能：在三维空间中按矩形阵列或环形阵列的方式创建对象的多个副本。在进行矩形阵列时，要指定行数、列数、层数、行间距、列间距和层间距；在进行环形阵列时，要指定阵列的数目、阵列填充的角度、旋转轴的起点和终点以及对象在阵列后，是否绕着阵列中心旋转。

执行命令后，可调用如下参数进行两种类型的阵列。

● "矩形"：进行矩形阵列，需指定行数、列数、层数、行间距、列间距和层间距。

● "环形"：进行环形阵列，需指定阵列的数目、阵列填充的角度、旋转轴的起点和终点以及对象在阵列后，是否绕着阵列中心旋转。

3．三维镜像

执行方式如下。

1）菜单栏：执行"修改"|"三维操作"|"三维镜像"命令。

2）命令行：mirror3d。

功能：沿指定的镜像平面创建对象的镜像。

执行命令后，可调用如下参数确定镜像平面。

● "三点"：提示输入三个点，镜像平面将通过这三个点。

● "对象"：提示选择一个对象，镜像平面为选中对象所在的平面。

● "最近的"：指定最后一次使用的镜像平面。如果没有最后一个，将重新提示选择镜像平面。

● "Z 轴"：提示输入两个点，镜像平面通过其中的一个点，该平面的法线通过另一个点。

● "视图"：提示输入一个点，镜像平面通过该点并与当前观察方向垂直。

● "XY/YZ/ZX"：提示输入一个点，镜像平面通过该点并与当前用户坐标系的 XY 面、YZ 面或 ZX 面平行。

4. 三维旋转

执行方式如下。

1）菜单栏：执行"修改"|"三维操作"|"三维旋转"命令。

2）命令行：rotate3d。

3）工具栏：单击"建模"中的 ⊕ 图标。

功能：用于绕任一个三维轴旋转三维对象。

执行命令后，可调用如下参数确定旋转轴。

● "两点"：使用两个点定义旋转轴，轴的正方向为从第一点指向第二点。

● "对象"：选择一个对象作为旋转轴。可作为旋转轴的对象是直线、圆、圆弧或二维多段线。

● "最近的"：指定最近一次使用的旋转轴。如果最近没有使用过旋转轴，AutoCAD 将重新提示选择旋转轴。

● "视图"：提示输入一个点，旋转轴将通过该点且与当前观察方向垂直。旋转轴的正方向指向观察者。

● "X 轴/Y 轴/Z 轴"：提示输入一个点，旋转轴将通过该点且与当前用户坐标系的 X 轴、Y 轴或 Z 轴平行。

● "参照"：将当前的方向作为参照角度，或者将对象上一条线的角度作为参照角，然后指定所需的新的角度。AutoCAD 将自动计算旋转角度并完成旋转操作。

5. 实体拉伸

执行方式如下。

1）菜单栏：执行"绘图"|"建模"|"拉伸"命令。

2）命令行：extrude。

3）工具栏：单击"建模"中的 ▣ 图标。

功能：通过拉伸圆、闭合的多段线、多边形、椭圆、闭合的样条曲线、圆环和面域创建特殊的实体。因为多段线可以是任意形状，所以，使用 extrude 命令可创建不规则的实体，还可锥化拉伸的侧面。进行拉伸前后的效果如图 7-12 所示。

执行命令后，可调用如下参数决定拉伸效果。

● "方向"：通过指定起点和端点的方式确定拉伸高度和路径。起点与端点的连线不能与剖面在同一个平面内。

● "路径"：用于基于选定的曲线对象定义拉伸路径。所有指定对象的剖面都沿着选定路径拉伸以创建实体。路径既不能与剖面在同一个平面内，也不能位于具有高曲率的区域。

● "倾斜角"：范围为 $-90°\sim+90°$。正角度值表示从基准对象逐渐变细地拉伸，

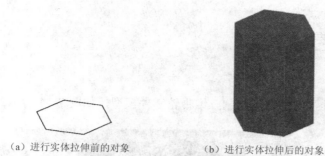

（a）进行实体拉伸前的对象　　　（b）进行实体拉伸后的对象

图 7-12　拉伸前后

而负角度值表示从基准对象逐渐变粗地拉伸。

6. 实体旋转

执行方式如下。

1）菜单栏：执行"绘图"|"建模"|"旋转"命令。

2）命令行：revolve。

3）工具栏：单击"建模"中的　图标。

功能：通过旋转或扫掠闭合的多段线、多边形、圆、椭圆、闭合的样条曲线、圆环和面域创建三维对象。

> ⚠️注意：不能旋转相交或自交的多段线。

执行命令后，可调用如下参数确定旋转轴并进行实体旋转。

● "对象"：选择已有的直线或多段线中的单条线段定义旋转轴，对象将绕这个轴旋转。轴的正方向是从这条直线上的最近端点指向最远端点。

● "X 轴"：将当前用户坐标系的 X 轴正向作为旋转轴。

● "Y 轴"：将当前用户坐标系的 Y 轴正向作为旋转轴。

● "Z 轴"：将当前用户坐标系的 Z 轴正向作为旋转轴。

默认设置是旋转一周，可在 0°～360° 范围内指定角度。旋转前后的效果如图 7-13 所示。

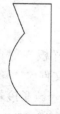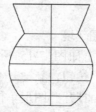

（a）进行实体旋转　　　（b）进行实体旋转后的对象　　　（c）进行实体旋转后的
　前的对象　　　　　　（二维线框着色）　　　　　　　对象（真实着色）

图 7-13　旋转前后的效果

7.2 项目要求和分析

1. 项目要求

利用所学三维绘图知识,绘制三维带轮零件模型,如图 7-14 所示。

图 7-14 三维带轮零件模型

2. 项目分析

通过观察,其绘图流程可按照:新建图形→绘制带轮基本图形→制作带轮 V 型槽→制作轮毂→开孔操作的顺序进行。绘制带轮基本图形可使用创建圆柱体,再进行布尔运算得到;制作带轮 V 型槽可先建立面域,再进行实体旋转操作和布尔运算得到;制作轮毂时,应综合运用 UCS 坐标、实体拉伸和三维镜像进行处理;开孔操作应合理应用实体拉伸和三维阵列等操作。

7.3 项目实施

步骤 1:新建图形文件和修改绘图环境

1)在工具栏中单击图标□,弹出如图 7-15 所示的"选择样板"对话框。选择"acadiso3D. dwt"文件,单击"打开"按钮,新建一个 AutoCAD 文件。

2)执行"格式"|"单位"命令,打开"图形单位"对话框。修改长度精度为 0.0,单位为 mm,其他为默认。如图 7-16 所示。

3)选择视图为"西南等轴测",视觉样式设为"三维线框"。

4)单击辅助绘图工具栏中的▦图标以打开栅格显示。

5)设置线框密度:在命令行输入 isolines,将值修改为 16。

图 7-15 "选择样板"对话框

图 7-16 "图形单位"设置

6）设置实体表面平滑度：在命令行输入 facetres，将值修改为 10。

步骤 2：绘制带轮基本图形

1）单击"建模"工具栏中的图标⬛绘制圆柱 1，设置如下所列。

指定底面的中心点或[三点（3P）/两点（2P）/切点、切点、半径（T）/椭圆（E）]：0，0，0
指定底面半径或[直径（D）]：100
指定高度或[两点（2P）/轴端点（A）]：60

绘制的圆柱体 1 如图 7-17 所示。

2）单击"建模"工具栏中的图标⬛绘制圆柱 2，设置如下所列。

指定底面的中心点或[三点（3P）/两点（2P）/切点、切点、半径（T）/椭圆（E）]：0，0，0
指定底面半径或[直径（D）]：80
指定高度或[两点（2P）/轴端点（A）]：20

3）复制圆柱体 2 得到圆柱体 3。单击"修改"工具栏中的图标⬛复制圆柱体 2，基点设置为原点（0，0，0），复制点输入@0，0，40。

4）"差"运算操作。单击"实体编辑"工具栏中的图标⬛，使用差集将圆柱体 2 和圆柱体 3 从圆柱体 1 中去掉。效果如图 7-18 所示。

图 7-17 三维带轮零件模型

图 7-18 "差"运算后的效果

步骤 3：制作带轮 V 型槽

1）将视图切换到"前视图"，视觉样式设为"二维线框"，如图 7-19 所示。

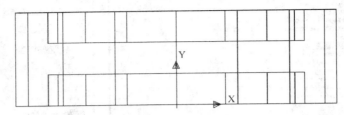

图 7-19　采用"前视图"观察和"二维线框"着色

2）绘制二维线条并创建面域。在对象捕捉中设置"最近点"、"垂足"、"象限点"为开启状态，使用直线在左侧绘制两条线，如图 7-20 所示。

对上侧的斜线使用移动命令，基点为左上端点，位移点输入@0,-15。对移动后的直线进行镜像操作，镜像线为竖线的中点连线。将左端点用直线进行连接，如图 7-21 所示。

对右侧直线进行修剪操作，同时激活左侧两夹点，向左侧拉伸 2.5 的距离，如图 7-22 所示。

在"绘图"菜单栏执行"面域"选项，选择刚才绘制的封闭线创建面域。

3）使用实体旋转操作，对象选择为当前面域，旋转轴为 Y 轴，旋转角度为 360°，得到如图 7-23 所示的图形。

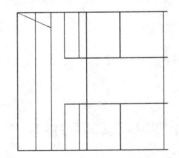 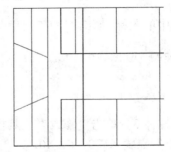 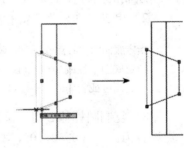

图 7-20　绘制的两条直线　　图 7-21　偏移和镜像等操作后的图形　　图 7-22　夹点拉伸操作

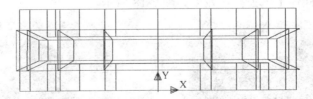

图 7-23　实体旋转操作后的图形

4）从实体中去掉刚才得到的旋转体：进行"差"运算，把旋转体从实体中去掉。如图 7-24 所示。

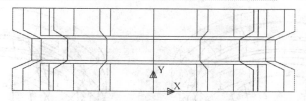

图 7-24 "差"运算后图形

现选择"西南等轴测"观察，并使用"真实"着色效果，效果如图 7-25 所示。

图 7-25 "西南等轴测"观察图形

步骤 4：轮毂的制作

1）定义 UCS 坐标，操作和设置过程如下。

命令：ucs

当前 UCS 名称：*前视*

指定 UCS 的原点或[面（F）/命名（NA）/对象（OB）/上一个（P）/视图（V）/世界（W）/X/Y/Z/Z 轴（ZA）]<世界>：X

指定绕 X 轴的旋转角度<90>：-90

2）在当前 UCS 下绘制圆，圆心坐标为（0，0，20），圆半径为 50。如图 7-26 所示。

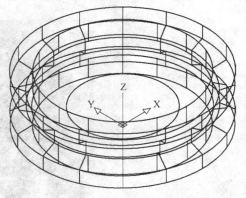

图 7-26 绘制半径为 50 的圆

3）对绘制的圆进行实体拉伸操作，使用拉伸命令，操作和设置如下。

选择要拉伸的对象：（选择圆）

指定拉伸的高度或[方向（D）/路径（P）/倾斜角（T）]<20.0000>：T

指定拉伸的倾斜角度<0>：15

指定拉伸的高度或[方向（D）/路径（P）/倾斜角（T）]<20.0000>：-30

4）对拉伸体进行三维镜像操作，操作和设置如下。效果如图 7-27 和图 7-28 所示。

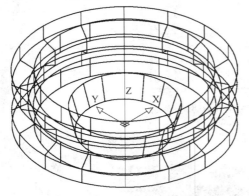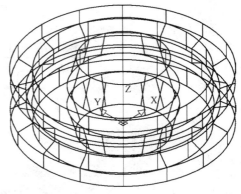

图 7-27　对圆进行拉伸后的效果　　　　图 7-28　对拉伸体进行三维镜像后的图形

选择对象：（选择拉伸体）

指定镜像平面（三点）的第一个点或

[对象（O）/最近的（L）/Z 轴（Z）/视图（V）/XY 平面（XY）/YZ 平面（YZ）/ZX 平面（ZX）/三点（3）]＜三点＞：xy

指定 XY 平面上的点＜0，0，0＞：0，0，30

是否删除源对象？[是（Y）/否（N）]＜否＞：n

5）对当前对象进行合并。使用"并"运算，选择图形上的所有实体进行合并，并使用"真实"着色，效果如图 7-29 所示。

图 7-29　"并"运算后的图形

步骤 5：开孔操作 1

1）单击"建模"工具栏中的图标绘制圆柱，如图 7-30 所示。

指定底面的中心点或[三点（3P）/两点（2P）/
切点、切点、半径（T）/椭圆（E）]：0，0，40

指定底面半径或 [直径（D）]：10

指定高度或[两点（2P）/轴端点（A）]：-20

切换到俯视观察，如图 7-31 所示。

2）移动圆柱体。在命令行输入 move，移
动对象选择为圆柱体，基点为圆柱体底面圆
心，位移点输入@65，0，0。如图 7-32 所示。

3）对移动后的圆柱体进行三维阵列操作，
如图 7-33 所示。

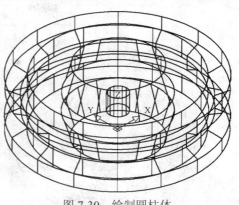

图 7-30　绘制圆柱体

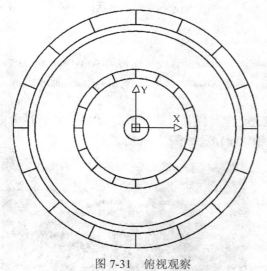

图 7-31　俯视观察

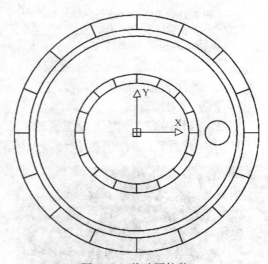

图 7-32　移动圆柱体

选择对象：（选择圆柱体）

输入阵列类型[矩形（R）/环形（P）]＜矩形＞：p

输入阵列中的项目数目：6

指定要填充的角度（＋＝逆时针，－＝顺时针）＜360＞：360

旋转阵列对象？[是（Y）/否（N）]＜Y＞：n

指定阵列的中心点：0，0，0

指定旋转轴上的第二点：0，0，10

4）打孔处理。从实体中去掉刚才得到的旋转体：进行"差"运算，把六个圆柱体
从实体中去掉。现使用"三维动态"的方式对图形进行观察，并使用"真实"着色效果，
效果如图 7-34 所示。

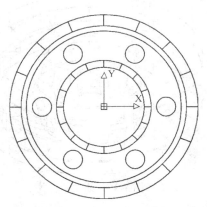

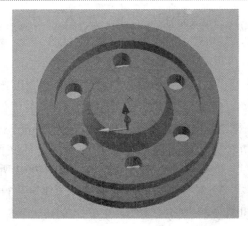

图 7-33 对圆柱体进行三维环形阵列 　　　　　 图 7-34 "差"运算后的图形

步骤 6：开孔操作 2

1）在带轮的最上层表面绘制圆。圆心为最上层表面中心，半径为 20，如图 7-35 所示。

2）使用构造线绘制辅助线。在命令行中输入 xline，打开正交模式，绘制通过原点并互相垂直的构造线。

3）偏移构造线。对 X 轴方向的构造线进行偏移操作，偏移距离为 30；对 Y 轴方向的构造线进行连续两次偏移操作，偏移距离均为 10。如图 7-36 所示。

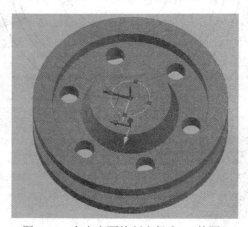

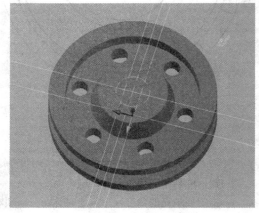

图 7-35 在上表面绘制半径为 20 的圆 　　　　 图 7-36 对构造线进行偏移

4）对绘制的圆和构造线进行修剪，如图 7-37 所示。

5）对修剪后的线条创建面域并进行实体拉伸操作，设置如下。

选择要拉伸的对象：（选择修剪后的线条）

指定拉伸的高度或[方向（D）/路径（P）/倾斜角（T）]<20.0000>：80

再进行差集运算，把刚才产生的拉伸体从带轮中去掉，完成该项目，如图 7-38 所示。完成后的带轮可使用多种方式查看，如图 7-39 所示。

图 7-37 修剪后的效果

图 7-38 "差"运算后的图形

（a）"三维动态"观察效果

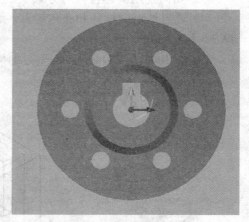

（b）"俯视"观察效果

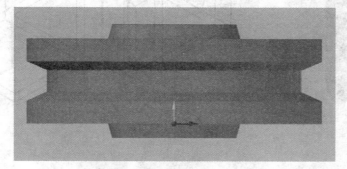

（c）"前视"观察效果

图 7-39 观察效果

7.4 项目总结

本项目是绘制一个机械零件——带轮的三维模型。完成该图形的绘制，需要综合、灵活地运用三维绘图命令。绘图时应多观察图形，合理切换观察方式和着色方式，这样可以提高绘图的准确性和效率。在绘图时，还应注意按正确的尺寸进行绘制，合理规范地使用布尔运算、三维阵列、实体拉伸、实体旋转等命令。

7.5 思考与练习

1．世界坐标系和用户坐标系有什么联系和区别？

2．三维阵列和二维阵列有哪些区别？

3．如何使用实体拉伸的方式绘制长方体和圆柱体？

4．通过绘制圆柱体和布尔运算，绘制如图7-40所示的单管道，管外径为20，管壁厚3，管长80。

5．绘制如图7-41所示的三维墙体，并进行门窗开洞。

图 7-40　单管道图

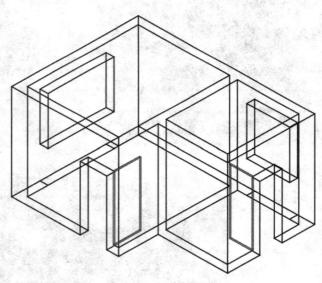

图 7-41　三维墙体

第 **8** 章

块、外部参照和设计中心

块、外部参照和设计中心是 AutoCAD 2010 的常用工具，合理利用图块、外部参照和设计中心，可以有效地提高绘图效率，获得更佳的绘图效果。合理使用图块和外部参照，可以在绘制大量相似图形时避免重复性工作，并且便于修改和储存图形。AutoCAD 设计中心，可管理图块、外部参照及来自其他源文件或应用程序的内容，将计算机上的图块、图层、外部参照和系统自带图形内容复制并粘贴到当前绘图区中，提高绘图效率。

8.1 知识链接

8.1.1 块的特点

块主要具备如下四个特点。

1）便于修改图形：如果修改了块的定义，用该块复制出的图形都会自动更新。

2）节省存储空间：如果使用复制命令将对象复制 n 次，则在图形文件的数据库中要保存 n 组相同数据。而将该组对象定义成块，数据库中只保存一次块的定义数据。插入该块时不再重复保存块的数据，只保存块名和插入参数，因此可以减小文件尺寸。

3）提高效率：将图形创建为块，需要时能用插入块的方式实现图形绘制，从而避免大量重复性工作。

4）指定属性：很多块还包括文字信息，以进一步解释说明。AutoCAD 允许为块创建这些文字属性，可以在插入的块中显示或不显示这些属性，也可以从图中提取这些信息并将它们传送到数据库中。

8.1.2 创建块

块在插入之前必须先进行创建。创建的块也称内部块，它只能在当前图形文件中重复调用，离开当前图形文件则无效，绘图时可以定义块的属性。

执行方式如下。

1）菜单栏：执行"绘图"|"块"|"创建"命令。

2）命令行：block。

3）工具栏：单击"绘图"中的按钮。

利用创建块命令可将已绘制出的图形对象定义成块。执行该命令后，弹出"块定义"对话框，如图 8-1 所示。该对话框中包含块名称、基点区、对象区、预览图标区以及插入单位、说明等。在完成时主要需要对"名称"、"拾取点"、"选择对象"进行设置。主要各项含义如下。

"名称"：块的标识，新建块可以通过键盘直接输入名称。

"基点"：定义块的基点，该基点在插入时作为基准点使用。

① "在屏幕上指定"：通过指点设备在屏幕上指定一个点作为基点。

② "拾取点"按钮：单击该按钮返回绘图屏幕，要求点取某点作为基点。此时 AutoCAD 自动获取拾取点的坐标并分别填入下面的"X"、"Y"、"Z"文本框中。

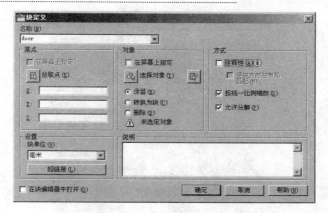

图 8-1 "块定义"对话框

"对象":定义块中包含的对象。

①"在屏幕上指定":关闭对话框时将提示选择对象。

②"选择对象"按钮:单击该按钮返回绘图屏幕,要求用户选择屏幕上的图形作为块中包含的对象。

③"快速选择"按钮:单击该按钮弹出"快速选择"对话框,在其中可设定块中包含的对象。

④"保留":在选择了组成块的对象后,保留被选择的对象不变。

⑤"转换为块":在选择了组成块的对象后,将被选择的对象转换成块。

⑥"删除":在选择了组成块的对象后,将被选择的对象删除。

8.1.3 插入块

完成创建块后,当需要使用块时,则需要进行插入块,将块图形插入到图形中。使用该命令插入的块,即使是外部块或图形文件,都是独立于原图形文件的,并不会随着原图形文件的更改而发生改变。

执行方式如下。

1)菜单栏:执行"插入"|"块"命令。

2)命令行:insert。

3)工具栏:单击"绘图"中的按钮。

执行该命令后,将弹出如图 8-2 所示的"插入"对话框。该对话框中包含名称、路径、插入点、比例、旋转、块单位以及分解复选框等项。各项含义如下。

1)"名称":下拉文本框,选择插入的块名。

2)"浏览按钮":单击该按钮后,弹出如图 8-3 所示的"选择图形文件"对话框。

3)"插入点"包括以下选项。

①"在屏幕上指定":单击"确定"按钮后,在屏幕上点取插入点,相应会有命令行提示。

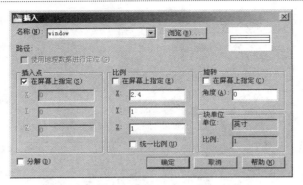

图 8-2 "插入"对话框

图 8-3 "选择图形文件"对话框

② "X"、"Y"、"Z"：分别输入插入点的 X、Y、Z 坐标。

4）"比例"包括以下选项。

① "在屏幕上指定"：在随后的操作中将会提示缩放比例，可以在屏幕上指定缩放比例。

② "X"、"Y"、"Z"：分别在对应的位置中输入三个方向的比例，默认值为 1。

③ "统一比例"：三个方向的缩放比例均相同。

5）"旋转"包括以下选项。

① "在屏幕上指定"：在随后的提示中会要求输入旋转角度。

② "角度"：输入旋转角度值，默认值为 0°。

8.1.4 存储块

储存块命令和创建块命令一样可以定义块，只是该块的定义作为一个图形文件单独存储在磁盘上。事实上，储存块命令更类似于赋名存盘，同时可以选择保存的对象。储存块命令建立的块本身就是一个图形文件，可以被其他的图形引用，也可以单独打开。

执行方式如下。

命令行：wblock。

执行命令后，弹出如图 8-4 所的对话框。各选项含义如下。

● 指定插入基点：定义插入块时的基点。如果选择了块或整个图形，则该区变灰。

● 选择对象：选择组成块的对象。如果选择了块或整个图形，则该区变灰。

执行该命令后，弹出如图 8-4 所示的"写块"对话框。该对话框中包含了"源"和"目标"两大选项区。"源"还包含"基点"和"对象"选项组，各项含义如下。

（1）源

1）"块"：可以从右侧的下拉列表框中选择已经定义的块作为写块时的源。

2）"整个图形"：以整个图形作为写块的源。以上两种情况都将使基点区和对象区不可用。

3）"对象"：可以在随后的操作中设定基点并选择对象。

4）"基点"：定义写块的基点。该基点在插入时作为基准点使用。

图 8-4 "写块"对话框

① "拾取点"按钮：单击该按钮返回绘图屏幕，要求点取某点作为基点。此时 AutoCAD 自动获取其坐标并分别填入下面的"X"、"Y"、"Z"文本框中。

② "X"、"Y"、"Z"：文本框中输入基点坐标。默认基点是原点。

5）"对象"：定义块中包含的对象。

① "选择对象"按钮：返回绘图屏幕，要求选择对象作为块中包含的对象。

② "快速选择"按钮：弹出"快速选择"对话框，可以在其中设定块中包含的对象。如果还没有选择任何对象，将出现"未选定对象"的警告提示信息。

（2）目标

1）"文件名和路径"：用于输入写块的文件名。

2）按钮：弹出"浏览图形文件"对话框，在该对话框中可以选择目标位置，如图 8-5 所示。

8.1.5 块与图层的关系

块是一个或多个在几个图层上的不同颜色、线型和线宽特性对象组合的对象。块帮助用户在同一图形或其他图形中重复使用对象。块是一组对象的集合，形成单个对象（块定义），也称为块参照。它用一个名字进行标识，可作为整体插入图纸中。

组成块的各个对象可以有自己的图层、线型和颜色，但 AutoCAD 把块当作单一的对象处理，即通过拾取块内的任何一个对象，就可以选中整个块，并对其进行诸如移动

图 8-5 "浏览图形文件"对话框

（MOVE）、复制（COPY）、镜像（MIRROR）等操作，这些操作与块的内部结构无关。

8.1.6 创建属性块

块在创建前可加入属性。属性的本质是文字信息，以进一步解释说明块。AutoCAD允许为块创建这些文字属性，可以在插入的块中显示或不显示这些属性，也可以从图中提取执行方式如下。这些信息并将它们传送到数据库中。属性需要"先定义，后使用"。

执行方式如下。

1）菜单栏：执行"绘图"|"块"|"定义属性"命令。

2）命令行：attdef、ddattdef。

执行该命令后，弹出"属性定义"对话框，如图 8-6 所示。

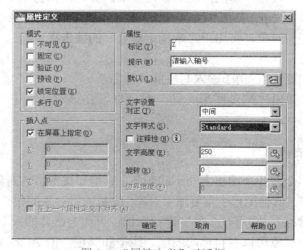

图 8-6 "属性定义"对话框

在该对话框中包含了"模式"、"属性"、"插入点"、"文字设置"四个区，各项含义如下。

1）"模式"：通过复选框设定属性的模式。可以设定属性为"不可见"、"固定"、"验证"、"预设"、"锁定位置"、"多行"等模式。

2）"属性"：设置属性。

① "标记"：属性的标签，该项是必须的。

② "提示"：插入块时提示用户的信息。

③ "默认"：指定默认的属性值。

④ "插入字段"按钮：弹出"字段"对话框，供插入字段。

3）"插入点"：设置属性插入点。

① "在屏幕上指定"：在屏幕上选取某点作为插入点 X、Y、Z 的坐标。

② "X"、"Y"、"Z"：插入点坐标值。

4）"文字设置"：控制属性文本的性质。

① "对正"：下拉列表框包含了所有的文本对正类型。

② "文字样式"：下拉列表框包含了该图形中已设定的文字样式。

③ "注释性"：设置是否是注释性文本。

④ "文字高度"：右边文本框定义文本的高度。

⑤ "旋转"：用文本框定义文本的旋转角度。

⑥ "边界宽度"：换行前，应指定多行文字属性中文字行的最大长度。值 0.000 表示对文字行的长度没有限制。

8.1.7 插入属性块

属性块的插入和无属性块的插入方式一致，但属性块在插入块后需要输入属性值。即先依照无属性块那样插入到图形，再在命令行输入属性值，即可完成属性块的插入。

8.1.8 通过管理器编辑块属性

完成属性块的插入后，可能需要修改属性值和文字特性等内容，这时可以通过"块属性管理器"来进行修改，方法如下。

1）菜单栏：执行"修改"|"对象"|"属性"|"块属性管理器"命令。

2）工具栏：单击"修改 II"中的按钮 。

3）命令行：battman。

执行该命令后，弹出如图 8-7 所示的"块属性管理器"对话框。

1）"选择块"按钮：可以让用户在绘图区的图形中选择一个带有属性的块。选择后将出现在下面的列表中。

2）"块"：将具有属性的块列出。用户可以从中选择需要编辑的块。

3）"同步"按钮：更新具有当前定义的属性特性的选定块的全部引用。

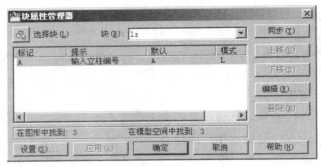

图 8-7 "块属性管理器"对话框

4）"上移"按钮：在提示序列的早期阶段移动选定的属性标签。

5）"下移"按钮：在提示序列的后期阶段移动选定的属性标签。

6）"删除"按钮：从块定义中删除选定的属性。

7）"设置"按钮：选择列表中的块并双击，或右击，执行弹出的快捷菜单中的"设置"命令，将弹出如图 8-8 所示的"块属性设置"对话框。

8）"编辑"按钮：打开"编辑属性"对话框，进行属性修改。如果单击它，或选择列表中的块并双击，或右击，执行弹出的快捷菜单中的"编辑"命令，则弹出如图 8-9～图 8-11 所示的"编辑属性"对话框。该对话框包括三个选项卡，分别是"属性"、"文字选项"和"特性"。

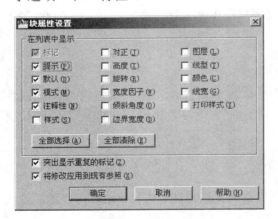

图 8-8 "块属性设置"对话框

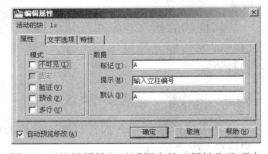

图 8-9 "编辑属性"对话框中的"属性"选项卡

8.1.9 外部参照与附着外部参照

外部参照是指一幅图形（主图形）对参照图形（Xref）的引用。这些参照图形并没有被真正地插入到主图形中，只是建立了与主图形的一种路径链接关系，但是参照图形在主图形中显示。一个图形可以作为外部参照的同时附着到多个图形中，同样也可以将多个图形作为外部参照附着到某个图形中。

在 AutoCAD 中，可以通过外部参照命令（xref）来附加、覆盖、连接或更新外部参

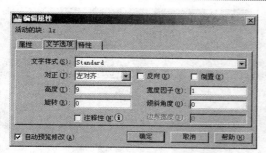

图 8-10 "编辑属性"对话框中的
"文字选项"选项卡

图 8-11 "编辑属性"对话框中的
"特性"选项卡

照。执行方法如下。

1）菜单栏：执行"插入"|"外部参照"命令。

2）命令行：xref。

3）工具栏：单击"参照中的按钮" 🖼。

执行命令后弹出如图 8-12 所示的"外部参照"选项板。

在该选项板中，单击"附着 DWG"按钮，或在"文件参照"窗格中（如图 8-13 所示）右击，在快捷菜单中执行"附着 DWG"命令，弹出如图 8-14 所示的"选择参照文件"对话框（即执行 xattach）。选择欲参照的文件，单击"打开"按钮后，弹出如图 8-15 所示的"附着外部参照"对话框。

图 8-12 "外部参照"选项板

图 8-13 "文件参照"选项

附着了 DWG 后的选项板如图 8-16 所示。在该选项板的"文件参照"窗格中列出了当前打开的图形和已经附着的 DWG 文件，以及是否加载或参照在状态中有显示。

1）"打开"：将打开选择的文件。

2）"附着"：打开"外部参照"对话框，可以对参照文件进行各种设置修改。

3）"卸载"：将选定的参照文件从图形中删除。

图 8-14　"选择参照文件"对话框　　　图 8-15　"附着外部参照"对话框

4）"重载"：重新加载被卸载的参照文件。

5）"拆离"：将参照文件彻底从图形中删除，该拆离和仅仅将参照图形从图形中删除不同。

6）"绑定"：弹出如图 8-17 所示的对话框，它分为"绑定"和"插入"两种方式。

图 8-16　附着了 DWG 后的选项板

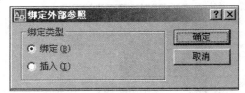

图 8-17　"绑定外部参照"对话框

①"绑定"：将选定的 DWG 参照绑定到当前图形中。依赖外部参照命名对象的命名语法，将"块名|定义名"变为"块名\$n\$定义名"。绑定到当前图形中的所有依赖外部参照的定义表具有唯一命名。

②"插入"：使用与拆离和插入参照图形相似的方法，将 DWG 参照绑定到当前图形中。依赖外部参照的命名对象的命名，不使用"块名\$n\$符号名"语法，而是从名称中消除外部参照名称。

8.1.10　AutoCAD 设计中心的功能

AutoCAD 设计中心（AutoCAD design center，ADC）是 AutoCAD 中的一个非常有用的工具，具有类似于 Windows 资源管理器的界面，可管理图块、外部参照、光栅图像及来自其他源文件或应用程序的内容，将位于本地计算机、局域网或因特网上的图块、图层、外部参照和用户自定义的图像内容复制并粘贴到当前绘图区中。同时，如果在绘图区打开多个文件，在多个文件之间也能通过简单的拖放操作来实现图像的复制和粘贴。粘贴内容除了包含图像本身外，还包含图层定义、线型、字体等内容。这样资源可得到再利用和共享，提高了图像管理和图像设计的效率。

通常，使用 AutoCAD 设计中心能完成如下工作。

1）浏览和查看各种图像图像文件，并可显示预览图像及其说明文字。

2）查看图像文件中命名对象的定义，将其插入、附着、复制和粘贴到当前图像中。

3）将图像文件（DWG）从控制板拖放到绘图区域中，即可打开图像；而将光栅文件从控制板拖放到绘图区域中，则可查看和附着光栅图像。

4）在本地和网络驱动器上查找图像文件，并可创建指向常用图像、目录和 Internet 地址的快捷方式。

8.1.11 设计中心的内容查找和图形使用

查询包括对象的大小、位置、特性的查询，时间、状态查询，等分线段或定距分线段等。通过适当的查询命令，可以了解两点之间的距离、某直线的长度、某区域的面积，识别点的坐标，掌握图形编辑的时间等。

执行方式如下。

1）命令行：adcenter（打开设计中心）、adcclose（关闭设计中心）。

2）工具栏：单击"标准"中的按钮 。

执行该命令后，弹出如图 8-18 所示的"设计中心"选项板。

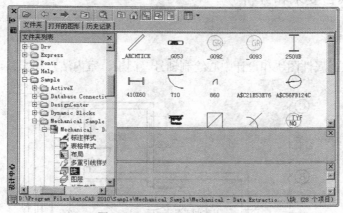

图 8-18 "设计中心"选项板

"设计中心"选项板左侧为文件夹列表栏，该处可以浏览计算机的磁盘资源存储路径。通过左方的"＋"和"－"按钮，可展开或收起当前磁盘或文件夹列表，查找到需要的图形文件。"设计中心"选项板右侧为浏览结果。

在 AutoCAD 中，为方便用户使用，系统提供了一组自带的设计中心样例文件，其位置在 C：\AutoCAD2010（或其他安装目录）\sample\DesignCenter。现以中心样例文件为例，介绍设计中心内容查找和图形使用的方法。先使用设计中心选项板左侧的文件夹列表栏，通过左方的"＋"和"－"按钮，定位至：C：\AutoCAD2010（或其他安装目录）\sample\DesignCenter，找到需要的文件，如 Home-space planner. dwg，单击下方的文字"块"，在设计中心选项板右侧的浏览结果中，选中需要的图形，将其拖入当前图形。如图 8-19 所示。

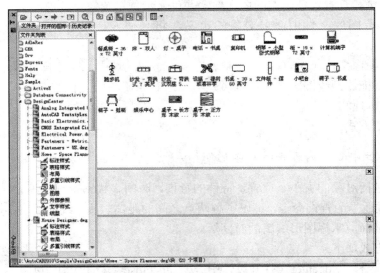

图 8-19　打开文件 Home-space planner.dwg 的结果

8.2　项目要求和分析

1.　项目要求

利用图块、属性图块和设计中心绘制轴号、门窗、室内洁具和家具。如图 8-20 所示。

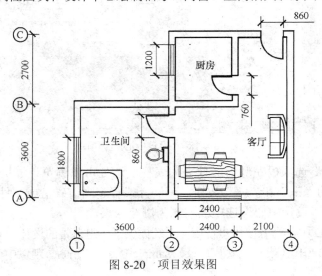

图 8-20　项目效果图

2．项目分析

在该图形中，绘制门窗时，可采用先创建门、窗图块，再插入图块到相应的位置；绘制轴号时，可采用属性块的方式绘制；而对于室内洁具和家具，可从"设计中心"中查找到相应图形内容并使用。

 **8.3　项目实施**

步骤 1：新建图形文件

在工具栏中单击图标，弹出如图 8-21 所示的"选择样板"对话框。选择"acadiso.dwt"文件，单击"打开"按钮，新建一个 AutoCAD 文件。

图 8-21　"选择样板"对话框

步骤 2：修改绘图环境

1）执行"格式"|"单位"命令，打开"图形单位"对话框。将长度精度修改为 0，单位为毫米，其他保持默认。如图 8-22 所示。

2）执行"格式"|"图形界限"命令，根据命令行提示输入如下所列。

命令：limits

重新设置模型空间界限：

指定左下角点或[开（ON）/关（OFF）] <0.0,0.0>：0，0

指定右上角点<420.0,297.0>：9000，7000

指定左下角为原点，右上角为"9000，7000"。

3）单击工具栏中的"全部缩放"按钮以便查看到整个图形界限。

图 8-22　"图形单位"设置

步骤 3：建立并设置图层

共新建七个图层，名称（中文或英文）、颜色及线型按以下要求进行设置。

1）轴线 axis：红色、Center2（点画线）、默认线宽。

2）墙体 wall：白色、实线、线宽 0.6mm。

3）门窗 door_window：绿色、实线、默认线宽。

4）厨卫 kt：浅蓝色、实线、默认线宽。

5）文本 text：青色、实线、默认线宽。

6）尺寸标注 dim：绿色、实线、默认线宽。

7）家具 fu：褐色、实线、默认线宽。

步骤 4：绘制轴线和墙体

1．绘制轴线

将轴线层置为当前图层，并打开正交模式。首先绘制两条基准轴线，接着对这两条基准轴线进行偏移操作，偏移尺寸应与开间和进深的标注尺寸一致：水平轴线连续向下偏移 2700，3600；竖直轴线连续向右偏移 3600，2400，2100。完成偏移操作后得到轴线网如图 8-23 所示。

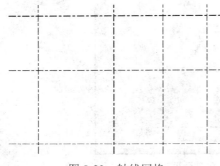

图 8-23　轴线网格

2．绘制墙体和门窗开洞

1）将墙体层置为当前图层，使用 mline（多线）命令，参数设置如下。

指定起点或[对正（J）/比例（S）/样式（ST）]：s

输入多线比例<20.00>：240

当前设置：对正＝上，比例＝240.00，样式＝STANDARD

指定起点或[对正（J）/比例（S）/样式（ST）]：j

输入对正类型[上（T）/无（Z）/下（B）]<上>：z

当前设置：对正＝无，比例＝240.00，样式＝STANDARD

2）完成设置后绘制墙体，并进行多线的修剪。偏移轴线，修剪后得到开门窗洞的墙体，如图 8-24 所示。

步骤 5：绘制门窗基本图形

绘制如图 8-25 所示的门窗基本模型，窗尺寸为：1000*240，门尺寸为 50*1000。

窗基本绘制过程如下。

将图层置于"0"层。先绘制矩形，在命令行输入 rectang，第一角点通过鼠标在屏幕上单击，对角点输入：@1000，240。接下来分解矩形，并使用偏移命令，指定偏移距离为 80，对上边线向下连续偏移两次。

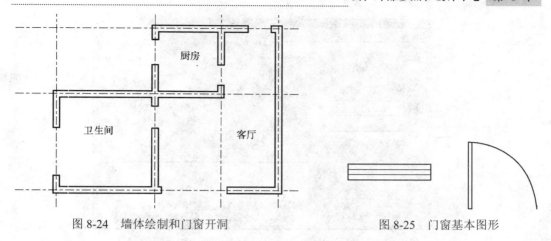

图 8-24 墙体绘制和门窗开洞　　　　　　　图 8-25 门窗基本图形

门基本绘制过程如下。

将图层置于"0"层。先绘制矩形，在命令行输入 rectang，第一角点通过鼠标在屏幕上单击，对角点输入：@50，1000。接下来使用使用圆弧命令，采用"起点、圆心、角度"的方式绘制门的开启线，起点为矩形的左上角点，圆心为矩形的左下角点，角度指定为−90°。

✘小技巧：在绘制门窗基本图形时，窗尺寸定为 1000*240，其原因是后面在块插入时需指定缩放比例。矩形长 1000 为整数，这样易于计算确定；矩形宽 240 则是需要和 240 墙体厚度尺寸匹配，对于其他规格墙体可取相应值。

步骤 6：创建"门"块和"窗"块

1）创建"门"块。在命令行中输入 block，在弹出的"块定义"对话框中的设置如下：在"名称"下拉列表框中输入块名称"door"；单击"拾取点"图标■，拾取点定为门的左下角点，其他为默认。如图 8-26 所示。

2）创建"窗"块。在命令行中输入 block，在弹出的"块定义"对话框中的设置如下：在"名称"下拉列表框中输入块名称"window"；单击"拾取点"图标■，拾取点定为窗的左下角点（也可为其他三个角点）。如图 8-27 所示。

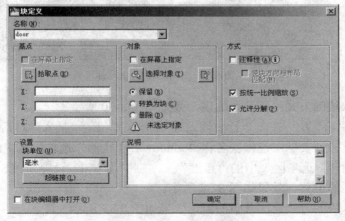

图 8-26 "门"块的创建

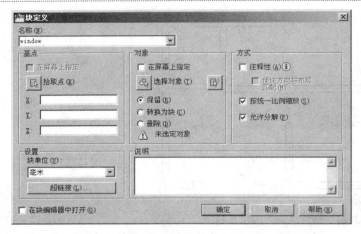

图 8-27 "窗"块的创建

步骤 7：根据尺寸、方向等要求插入"门"块和"窗"块

1）插入"门"块。将当前图层置为门窗层，在命令行中输入 insert，在弹出的"插入"对话框中的设置如下：在"名称"下拉列表框中选择块名称"door"；"比例"选项区域中的"X"和"Y"的文本框中均输入 0.86；"旋转"选项区域的"角度"文本框中输入 180，设置如图 8-28 所示。将图块放到门洞合适的位置，效果如图 8-29 所示。

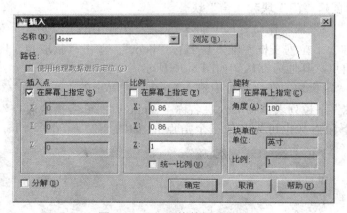

图 8-28 "门"块的插入设置

采用插入块的方式绘制其余的门，效果如图 8-30 所示。

2）插入"窗"块。在命令行中输入 insert，在弹出的"插入"对话框中的设置如下：在"名称"下拉列表框中选择块名称"window"；"比例"选项区域中的"X"文本框中输入 2.4；"旋转"选项区域中的"角度"文本框中输入 0，设置如图 8-31 所示。将图块放到窗洞合适的位置，效果如图 8-32 所示。

采用插入块的方式绘制其余的窗，效果如图 8-33 所示。

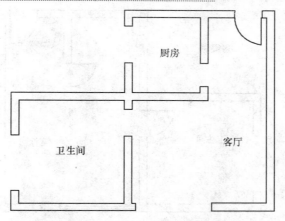

图 8-29 "门"块插入效果 1

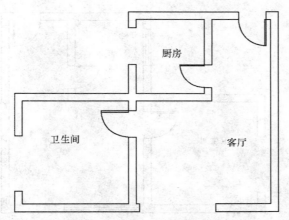

图 8-30 "门"块插入效果 2

图 8-31 "窗"块的插入设置

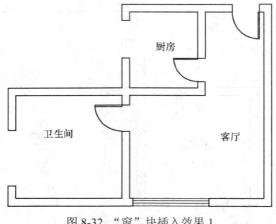

图 8-32 "窗"块插入效果 1

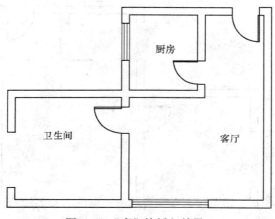

图 8-33 "窗"块插入效果 2

图 8-34 轴号圆

步骤 8：绘制轴号

1）绘制一半径为 150 的圆，如图 8-34 所示。

2）定义属性。执行"绘图"|"块"|"定义属性"命令，在弹出的"属性定义"对话框中的设置如下：标记输入为"Z"，提示输入为"请输入轴号"；文字对正样式设置为"中间"，文字高度为 250，其余为默认。效果如图 8-35 和图 8-36 所示。

3）创建"轴号"属性块。在命令行中输入 block，在弹出的"块定义"对话框中的设置如下：在"名称"下拉列表框中填入块名称为"轴号"；单击"拾取点"图标 ，拾取点定为圆的上象限点，如图 8-37 所示。

4）插入"轴号"属性块。首先依次插入 1、2、3、4 号轴号，指定插入点后，命令行会有如下提示。

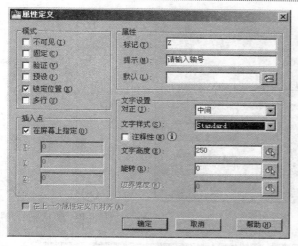

图 8-35 "轴号"块的设置   图 8-36 加入属性后的效果

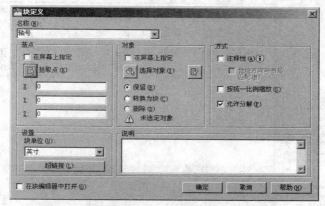

图 8-37 "轴号"块定义的设置

请输入轴号：

分别指定值为 1、2、3、4，即可得到轴号。效果如图 8-38 所示。

图 8-38 横向轴号插入效果

再插入 A、B、C 号轴号。双击插入的轴号，打开"增强属性编辑器"对话框。单击"文字选项"选项卡，在"旋转"文本框中设置角度为"0"，效果如图 8-40 所示。

📖小知识：在为轴号定义属性时，要将文字中心置于圆心，文字的对正方式应为"中间"而不是"中心"。

步骤 9：使用设计中心绘制家具和厨卫设施

1）单击标准工具栏的"设计中心"图标，将弹出的"设计中心"选项板左侧定位至 C：\AutoCAD2010（或其他安装目录）\sample\DesignCenter 文件夹。如图 8-41 所示。

图 8-39 "轴号"块属性编辑

图 8-40 纵向轴号角度修改

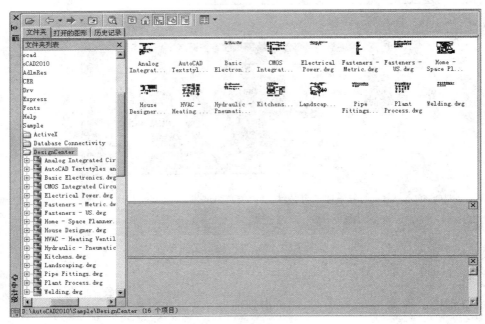

图 8-41 设计中心选项板

2）找到 Home-space planner.dwg 文件并单击"＋"图标展开，单击下方的文字"块"，用鼠标将"餐桌椅"、"沙发"等家具图形拖至绘图区中合适的位置。用同样的方法，找到 Home-space planner.dwg 文件并单击"＋"图标展开，单击下方的文字"块"，用鼠标将"浴缸"、"马桶"等卫生洁具图形拖至绘图区中合适的位置，如图 8-42～图 8-44所示。

3）处理相关图形。对引用的设计中心的图形进行比例缩放、旋转等操作，将它们缩放到合适的大小，旋转到正确的角度，并移动到相应位置。完成后的项目效果如图 8-45所示。

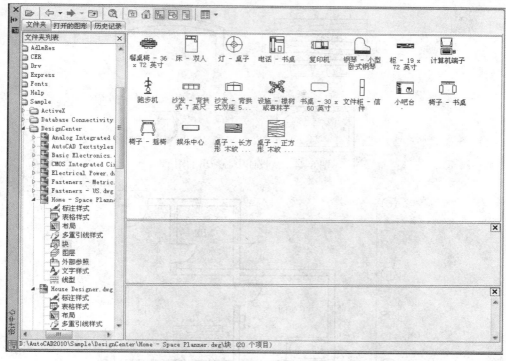

图 8-42　Home-space planner.dwg 文件包含的图形

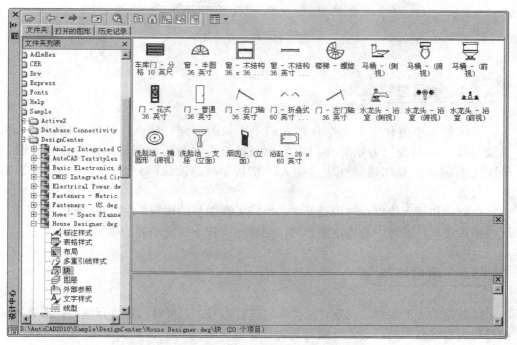

图 8-43　House Designer.dwg 文件包含的图形

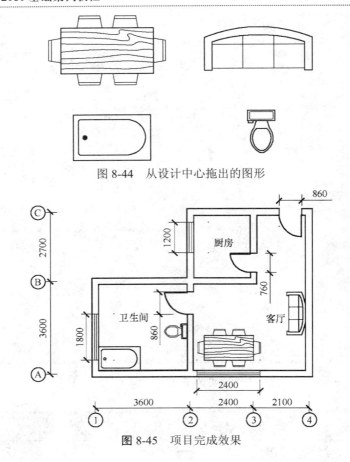

图 8-44　从设计中心拖出的图形

图 8-45　项目完成效果

8.4　项目总结

　　本项目以小型住宅为例，详细介绍了图块的创建、插入，块属性的定义、编辑以及设计中心的使用方法。在门窗的绘制部分采用图块的创建和插入进行绘制；轴号的绘制部分需要创建属性块并插入；家具和厨卫设施部分将设计中心的图形拖入并进行处理。

　　在创建和插入块以及使用设计中心时应关注图层的设置，创建块时图层应置于"0"层；插入块和从设计中心拖出图形时，应将图层置于当前需要的图层。

8.5　项目拓展

　　绘制建筑平面图时，需要对定位轴线进行编号，也可对门窗进行编号。那么轴线的编号和门窗编号如何确定？下面对其进行详细介绍。

1．平面定位轴线的编号

平面定位轴线应设横向定位轴线和纵向定位轴线两种。横向定位轴线的编号用阿拉伯数字按从左至右顺序编写；纵向定位轴线的编号用大写的拉丁字母按从下至上的顺序编写，如图 8-46 所示。

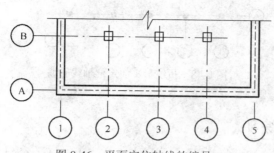

图 8-46　平面定位轴线的编号

定位轴线也可分区编号，注写形式为"分区号-该区轴线号"，如图 8-47 所示。当平面为圆形或折线形时，轴线的编写分别按图示方法进行，如图 8-48 所示。

2．门和窗的编号

在绘制平面图时，可以为门和窗进行编号，其中门的代号为 M，窗的代号为 C。代号后面应写明门窗的编号，如 M-1、C-1。在图纸中，同一编号表示同一类型的门窗，如两扇门的编号均为 M-3，则表示这两扇门的类型相同。

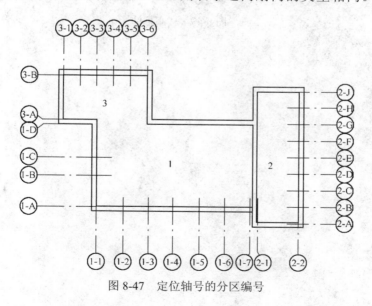

图 8-47　定位轴号的分区编号

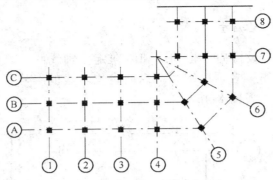

图 8-48　折线形平面定位轴线的编号

8.6　思考与练习

1. 为什么说正确使用块可以提高绘图效率？
2. 创建块应在"0"层进行的原因是什么？
3. 属性块的属性文本和一般文本的联系和区别是什么？
4. 内部块和外部参照的区别是什么？
5. 使用属性块的方式绘制如图 8-49 所示的标高标注。
6. 使用属性块的方式绘制含有编号的门窗。

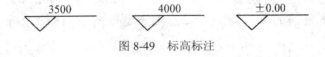

图 8-49　标高标注

第 **9** 章

图形的输入和输出

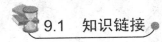

9.1 知识链接

9.1.1 导入图形

AutoCAD 除了可以打开和保存 DWG 格式的图形文件外，还可以导入或导出其他格式的图形。

1. 导入图形

允许把"图元文件"、ACIS 及 3D Studio 等图形格式的文件输入到 AutoCAD 中，方法如下。

1）菜单栏：执行"文件"|"输入"命令。
2）工具栏：单击"插入"选项卡，在"输入"面板中单击按钮。
3）命令行：import。

打开"输入文件"对话框，如图 9-1 所示，可以将其他应用程序创建的数据文件输入到当前图形中。

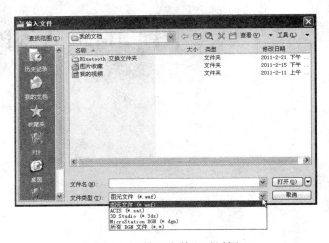

图 9-1 "输入文件"对话框

在 AutoCAD 2010 的菜单命令中没有"输入"命令，但是可以执行"插入"|"3D Studio"命令、执行"插入"|"ACIS 文件"命令或执行"插入"|"Windows 图元文件"命令，来输入上述格式的图形文件。

2. 插入 OLE 对象

OLE（object linking and embedding）即对象连接与嵌入的简称，是在 Windows 环境下实现不同 Windows 实用程序之间共享数据和程序功能的一种方法。

执行"插入"|"OLE 对象"命令，或单击"插入"选项卡，在"数据"面板中单击按

钮 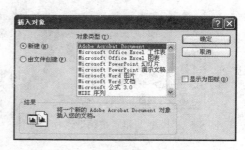 OLE 对象，打开"插入对象"对话框，如图 9-2
所示，可以插入对象链接或者嵌入对象。

3. 输出图形

执行"文件" | "输出"命令，打开"输出数
据"对话框。在"文件类型"下拉列表框中选择
文件的输出类型，如图元文件、ACIS、平板印
刷、封装 PS、DXX 提取、位图、3D Studio 及块
等，如图 9-3 所示。

图 9-2　"插入对象"对话框

单击左上角的"菜单浏览器"按钮 ，在弹出的菜单中执行"文件" | "输出"命
令，也可以把当前图形输出为其他格式的文件，如图 9-4 所示。单击其中的"其他格式"
也可打开"输出数据"对话框。

图 9-3　"输出数据"对话框

图 9-4　"菜单浏览器"中的输出命令

9.1.2　模型空间与布局空间

AutoCAD 有两种不同的工作环境：模型空间和布局空间，分别用"模型"和"布
局"选项卡表示。通常在模型空间以 1∶1 的比例进行设计绘图，将其打印在不同
幅面的图纸上时，可以在模型空间中进行打印出图，也可以使用布局空间进行打印
出图。

1. 模型空间

模型空间是完成绘图和设计工作的工作空间。在模型空间中建立的模型可以按照物
体的实际尺寸（1∶1）绘制、编辑完成二维或三维图形，也可以进行三维实体造型。并
且可以根据需求用多个二维或三维视图来表示物体，同时配以必要的尺寸标注和注释等

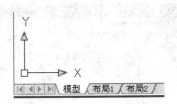

图 9-5 "模型"和"布局"选项卡

来完成所需要的全部绘图工作。在模型空间中，可以创建多个不重叠的（平铺）视口以展示图形的不同视图。

当启动 AutoCAD 后，默认处于模型空间，绘图窗口下面的"模型"选项卡是激活的，如图 9-5 所示。

2．布局空间

布局空间的"图纸"与真实的图纸相对应，它是设置、管理视图的 AutoCAD 环境。在布局空间可以按模型对象不同方位地显示视图，按合适的比例在"图纸"上表示出来，还可以定义图纸的大小、生成图框和标题栏。模型空间中的三维对象在布局空间中是用二维平面上的投影来表示的，因此是一个二维环境。

3．布局

一个布局就是一张图纸，并提供预置的打印页面设置。在布局中，可以创建和定位视口，生成图框、标题栏等。利用布局可以在布局空间方便、快捷地创建多个视口来显示不同的视图，且每个视图可以有不同的显示缩放比例，并能够控制视口中图层的可见性。

在一个图形文件中，模型空间只有一个，而布局可以设置多个。这样就可以用多张图纸多侧面地反映同一个实体或图形对象。如将在模型空间绘制的装配图拆成多张零件图，或将某一工程的总图拆成多张不同专业的图纸。

9.1.3 在模型空间打印图纸

由于模型空间的绘图界限不受限制，在绘图时一般以 1：1 比例绘制，在出图时再控制出图的比例。特别是在图形中加上图框时，应先按图样输出比例进行相应缩放，使图形能以合适的比例放入图框中。

在模型空间中打印图纸的步骤如下。

1）在模型空间中打开要打印的文件，在功能区选择"输出"标签中的"打印"面板，单击"打印"按钮。或在命令行输入：plot，然后按回车键，弹出"打印-模型"对话框，如图 9-6 所示。

2）单击页面设置选项中的按钮 添加○... ，弹出如图 9-7 所示的对话框。在文本框输入一个名字就可以保存设置项到一个命名页面设置文件中，供以后打印时选择，这样就不需每次打印都进行设置了。

3）在"打印机/绘图仪"选项区域的"名称"下拉列表中选择已安装的打印机。若没有安装打印机，可选择 AutoCAD 提供的虚拟电子打印机"DWF ePlot.pc3"。

4）在"图纸尺寸"选项区域的下拉列表中选择纸张的尺寸。

5）在"打印区域"选项区域的"打印范围"下拉列表中选择"窗口"，如图 9-8 所示。选择此项将会切换到绘图窗口，供用户选择要打印的窗口范围。

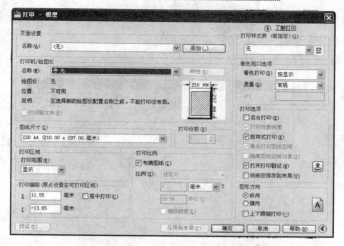

图 9-6 "打印-模型"对话框

图 9-7 "添加页面设置"对话框

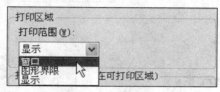

图 9-8 打印范围的选择

打印范围中的各选项含义如下。

● "窗口"：用开窗的方式在绘图窗口指定打印范围。

● "显示"：打印"模型"选项卡当前视口中的视图，或布局选项卡中当前图纸空间视图。

● "图形界限"：当前空间内的所有几何图形都将被打印。打印之前，可能会重新生成图形以重新计算范围。

6）在"比例"下拉列表中选择打印的比例。若仅仅是检查图纸，可以选中"布满图纸"复选框以最大化地打印图形。

打印时，所选图纸尺寸决定了单位类型（英寸或毫米）。例如，如果图纸尺寸是毫米，则在"毫米"前的文本框中输入"1"，然后在"单位"前的文本框中输入"10"，则打印的图形中每毫米代表 10 个实际毫米。图 9-9 中显示了以三种不同比例打印的灯泡。

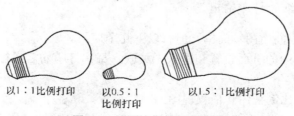

以1∶1比例打印   以0.5∶1比例打印   以1.5∶1比例打印

图 9-9 不同比例的打印效果

7）在"打印样式表"选项区域的下拉列表中选择"monochrome.ctb"，此打印样式表可将所有颜色的图线打印成黑色。

最后的打印设置如图 9-10 所示。

图 9-10　模型空间打印设置

8）单击"预览"按钮，可以看到实际打印的图纸样式。若选择了虚拟打印机，则在"打印-模型"对话框中单击"确定"按钮，弹出"浏览打印文件"对话框，如图 9-11 所示，提示将电子打印文件保存到合适的目录。

图 9-11　"浏览打印文件"对话框

9.1.4　布局中图纸的打印输出

虽然在模型空间出图较简单，但有以下几个局限。

1）模型空间中的页面设置和图纸无关联，每次打印均需进行各项参数的设置或者调用页面设置。

2）不支持多比例视图和依赖视图的图层设置。

3）如果进行非 1∶1 的出图，则缩放标注、注释文字和标题栏需要进行计算。

4）如果进行非 1∶1 的出图，则线型比例需要重新进行计算。

以上问题可以在布局空间中通过先创建布局，然后在布局中打印出图来解决。

1. 创建布局的方法

在 AutoCAD 2010 中可通过如下几种方式创建布局。

1）下拉菜单：执行"插入"|"布局"|"创建布局向导"命令，或执行"插入"|"布局"|"来自样板的布局"命令。

2）命令行：layoutwizard。

下面以"创建布局向导"为例，介绍如何创建新布局。

1）打开用于布局的图形文件，设置"视口"为当前层。

2）在命令行输入 layoutwizard，屏幕上出现"创建布局-开始"对话框，如图 9-12 所示。

3）在"输入新布局的名称"文本框中输入"平面图"，然后单击"下一步"按钮，屏幕上出现"创建布局-打印机"对话框。为新布局设置好一种打印机，如"DWF6 ePlot.pc3"电子打印机，如图 9-13 所示。

图 9-12 "创建布局-开始"对话框

图 9-13 "创建布局-打印机"对话框

4）单击"下一步"按钮，出现"创建布局-图纸尺寸"对话框，从中选择单位和图纸大小，如图 9-14 所示。

5）单击"下一步"按钮，出现"创建布局-方向"对话框，从中确定图纸方向，如图 9-15 所示。

图 9-14 "创建布局-图纸尺寸"对话框

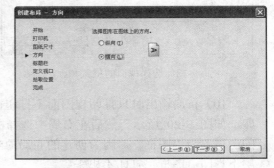
图 9-15 "创建布局-方向"对话框

6）单击"下一步"按钮，出现"创建布局-标题栏"对话框，选择"A3 建筑图模板.dwg"，如图 9-16 所示。

🔊**注意**：此处的"A3 建筑图模板.dwg"选项在默认文件夹中并不存在，可以把样板图文件复制到相应默认文件夹中就会出现。

7）单击"下一步"按钮，出现"创建布局-定义视口"对话框。设置布局中的视口个数和形式，以及视口中视图与模型空间的比例关系。此处设置视口为"单个"，视口比例为"1：1"，即把图形按 1：1 比例显示在视口中，如图 9-17 所示。

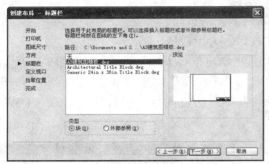

图 9-16 "创建布局-标题栏"对话框　　　　图 9-17 "创建布局-定义视口"对话框

8）单击"下一步"按钮，出现"创建布局-拾取位置"对话框。单击"选择位置"按钮，AutoCAD 切换到绘图窗口，通过指定两个对角点指定视口的大小和位置，如图 9-18 所示。最后进入"创建布局-完成"对话框。

9）单击"完成"按钮完成新布局及视口的创建，效果如图 9-19 所示。

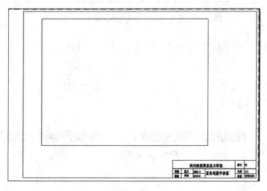
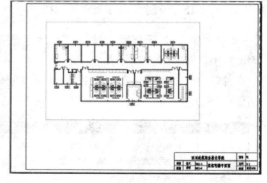

图 9-18 选择视口的位置和大小　　　　图 9-19 完成创建后的视口

10）布局输出时只打印视图而不打印视口的边框，可以将所在的视口层设置为不打印，如图 9-20 所示。然后在布局中选择标题栏图框的块，使用图层下拉列表框将所在的图层改为"图框"，因为创建的布局的当前图层在"视口"图层中，如果"视口"图层不打印，图框也打印不出来。

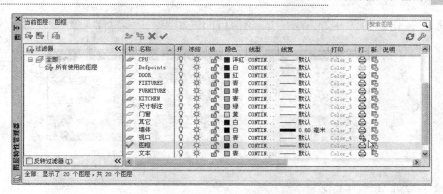

图 9-20　关闭"视口"图层的打印功能

2.　建立多个浮动视口

　　视口就是观看图形的一个窗口，可以在模型空间中创建多个平铺视口。同样，在图纸空间中也可以创建视口，称为浮动视口。与平铺视口不同，浮动视口可以重叠或者分离。使用浮动视口的好处之一是可以在每个视口中选择性地冻结图层。冻结图层后，就可以查看每个浮动视口中的不同几何对象。通过在视口中平移和缩放，还可以指定显示不同的视图。

　　创建视口的方法有多种，可以是布局中均等的矩形，也可以是需要的特定形状，并放到指定位置。现举例说明添加单个视口、多边形视口，将对象转换成视口的方法。

　　（1）添加单个视口

　　在已创建布局的基础上来创建其他视口。

　　1）打开已创建的"平面图"布局，设置"视口"为当前层。

　　2）单击"平面图"布局选项卡，进入图纸空间。

　　3）执行"视图"|"视口"|"新建视口"命令，弹出"视口"对话框，如图 9-21 所示。选择"单个"，在布局中定义视口的大小完成视口的添加，效果如图 9-22 所示。

图 9-21　"视口"对话框

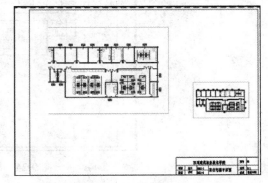

图 9-22　新创建的单个视口

　　（2）创建多边形视口

　　单击"视图"标签，打开"视口"面板，单击"创建多边形"下拉列表中的"创建多边形"按钮，如图9-23所示，命令窗口的提示与响应如下。

图9-23 下拉式"创建多边形"按钮

命令：-vports

指定视口的角点或[开（ON）/关（OFF）/布满（F）/着色打印（S）/锁定（L）/对象（O）/多边形（P）/恢复（R）/图层（LA）/2/3/4]

<布满>：_P

指定起点：//在原有视口右边依次绘制一个多边形

指定下一个点或[圆弧（A）/长度（L）/放弃（U）]：

指定下一个点或[圆弧（A）/闭合（C）/长度（L）/放弃（U）]：

指定下一个点或[圆弧（A）/闭合（C）/长度（L）/放弃（U）]：

指定下一个点或[圆弧（A）/闭合（C）/长度（L）/放弃（U）]：

指定下一个点或[圆弧（A）/闭合（C）/长度（L）/放弃（U）]：

指定下一个点或[圆弧（A）/闭合（C）/长度（L）/放弃（U）]：

正在重生成模型。

操作效果如图9-24所示。

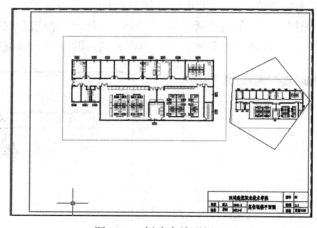

图9-24 创建多边形视口

（3）将图形对象转换成视口

可以将一个封闭的图形对象转换为视口，继续上面的操作创建一个圆形视口，方法如下。

1）在原有视口的下方画一个圆。

2）单击"视图"标签，打开"视口"面板，单击"创建多边形"下拉列表中的"从对象创建"按钮。

3）单击要转换视口的圆，即可将一个封闭的图形对象转换成视口，效果如图 9-25 所示。

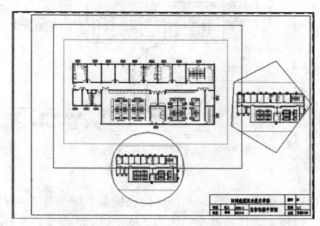

图 9-25　将圆对象转换为视口

3．调整视口

（1）调整视口的显示比例

新创建的视口的默认显示比例都是将模型空间中全部图形最大化地显示在视口中，调整视口的显示比例方法如下。

1）单击要用于调整的视口，原来的视口边线加粗。

2）单击状态栏右下方的视口比例按钮，如图 9-26 所示。从弹出的视口比例快捷菜单中选择浮动视口与模型空间图形的比例关系。

图 9-26　状态栏右下的视口比例按钮

如图 9-27 所示是圆形视口与图形的比例关系为 1：5 的效果。

3）在没有视口的图纸区域双击，或单击状态栏上的模型按钮，取消选中的视口。

　　⚠注意：当视口与模型空间图形的比例关系确定后，通常可以使用"实时平移"命令调整视口中图形显示的内容。但不要使用"实时缩放"命令，否则会重新改变比例关系。

（2）视口的编辑与调整

创建好的浮动视口可以通过移动、复制等命令进行调整，也可以通过选中视口后进行夹点调整视口的大小和形式状。

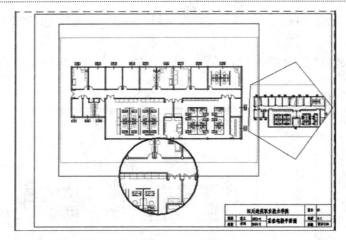

图 9-27 显示比例为 1∶5 的圆形视口

（3）锁定视口

选定要锁定视口的边框，右击，从弹出的快捷菜单中执行"显示锁定"命令，在对话框中单击"是"按钮。这样，就不会因为 zoom 和 pan 命令改变视口内图形的显示大小与显示内容。

4. 布局中打印出图的过程

布局实际上可以看作打印的排版。在创建布局时，很多打印时需要设置的参数（如打印设备、图纸尺寸、打印方向、出图比例等）都已经预先设置好，故在布局中进行打印比在模型空间中方便。

布局中进行打印输出的过程如下。

1）打开 AutoCAD，切换到要打印的布局，如"平面图"布局。

2）激活 plot 命令，绘图窗口出现"打印-平面图"对话框，其中"平面图"是要打印的布局名。

3）单击"确定"按钮，即可进行打印。

5. 打印样式表

打印样式通过确定打印特性（例如线宽、颜色和填充样式）来控制对象或布局的打印方式。打印样式表中收集了多组打印样式。打印样式管理器是一个窗口，其中显示了所有可用的打印样式表。

打印样式有两种类型：颜色相关和命名。一个图形只能使用一种类型的打印样式表。用户可以在两种打印样式表之间转换，也可以在设置了图形的打印样式表类型后修改所设置的类型。

对于颜色相关打印样式表，对象的颜色确定如何对其进行打印。这些打印样式表文件的扩展名为 ctb。不能直接为对象指定颜色相关打印样式。相反，要控制对象的打印颜色，必须修改对象的颜色。例如，图形中所有被指定为红色的对象均以相同的方式打印。

对于命名打印样式表，使用直接指定对象和图层的打印样式。这些打印样式表文件的扩展名为 stb。使用这些打印样式表可以使图形中的每个对象以不同颜色打印，与对象本身的颜色无关。

9.1.5 电子打印与发布

电子打印就是把图形打印成一个 dwf 文件，便于浏览和交流。操作步骤如下。

1）单击"输出"标签中的"打印"面板，在打开的面板中单击"打印"按钮，打开"打印—××"对话框。

2）在"打印机/绘图仪"选项区域的"名称"下拉列表中选择打印设备为"DWF6ePlot.pc3"。

3）单击"确定"按钮，打开"浏览打印文件"对话框。默认情况下，AutoCAD 将当前图形名后加上"-模型"（在模型选项卡中打印时）或"-布局"（打印某布局时）作为打印文件名，后缀为 dwf。确定好文件存储目录后，单击"保存"按钮，完成电子打印操作。

注意：电子打印的文件除了在 AutoCAD 中浏览外，也可以在免费的 Autodesk Design Review 中浏览，无需拥有创建此文件的 AutoCAD 软件。

9.2 项目要求和分析

案例一：模型空间输出

项目要求：通过模型空间输出如图 9-28 所示的建筑平面图，以便巩固模型空间输出图形的使用方法。

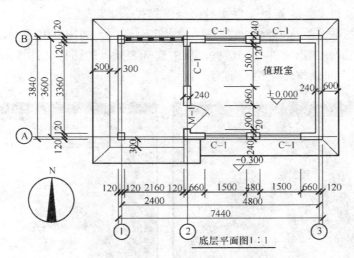

图 9-28　模型空间输出的图形

案例二：布局空间输出

项目分析：本实例通过使用布局空间输出"组合体三视图"，以便熟悉和巩固布局空间输出图形的方法以及多视口布局的方法。

项目要求：把所给的"组合体三视图"在布局空间进行打印，打印效果如图 9-29 所示。

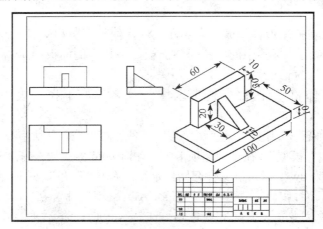

图 9-29　布局空间打印的效果图

9.3　项目实施

案例一：模型空间输出

步骤 1：图框和图形文件的比例设置

1）打开素材文件（素材文件由教师准备提供）。

2）调用图框。执行 i 命令，打开"插入"对话框，如图 9-30 所示。单击"浏览"按钮，进入"选择图形文件"对话框，从中选择要插入的图框文件，如图 9-31 所示。最后在"插入"对话框中单击"确定"按钮。

图 9-30　"插入"对话框

图 9-31　"选择图形文件"对话框

3）指定插入点后在模型空间插入图框，但图框的比例不合适，需调整，即在模型空间中执行 sc 命令。选择图框，将图框放大 50 倍；执行 m 命令，移动图框在合适位置包含建筑平面图，如图 9-32 所示。

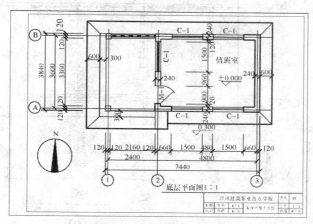

图 9-32　放大比例后的图框和图形

4）选择图形中的文字标注"底层平面图 1∶1"，按 e 命令将其删除。

5）双击图框中的比例文字，将出现"编辑块定义"对话框，如图 9-33 所示。单击"确定"按钮，出现块编辑器的视图。在比例栏中双击，出现"增强属性编辑器"对话框，把比例的值修改为"1∶50"，如图 9-34 所示。单击"确定"按钮，并关闭块编辑器，出现"块-未保存更改"对话框，如图 9-35 所示，选择保存选项。

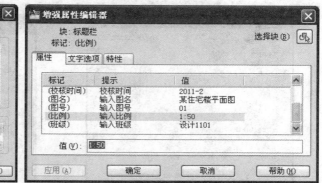

图 9-33　"编辑块定义"对话框　　　图 9-34　"增强属性编辑器"对话框

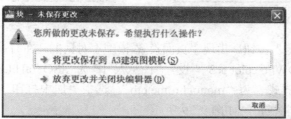

图 9-35　"块-未保存更改"对话框

6）修改后的图形和图框如图 9-36 所示。

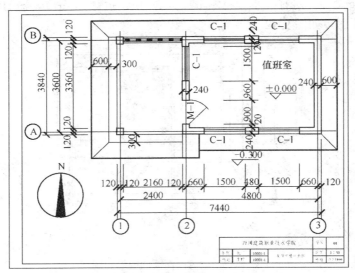

图 9-36　修改后的图形和图框

步骤 2：页面设置

1）在菜单中执行"文件"|"页面设置管理器"命令，打开"页面设置管理器"对话框，如图 9-37 所示。单击对话框中的"新建"按钮，出现"新建页面设置"对话框，在"新页面设置名"文本框中输入"A3 图纸设置"，如图 9-38 所示。

图 9-37　"页面设置管理器"对话框

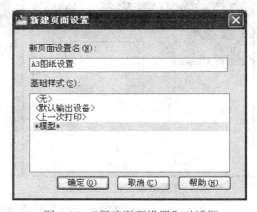

图 9-38　"新建页面设置"对话框

2）单击"确定"按钮，出现"页面设置-模型"对话框。在对话框中设置"打印机/绘图仪"的名称为"DWF6 eplot.pc3"，设置"图纸尺寸"为"ISO full bleed A3（420.00×297.00毫米），设置打印样式表为"monochrome.ctb"。选中"居中打印"和"布满图纸"复选框，图纸方向为"横向"。如图 9-39 所示。

图 9-39 "页面设置"对话框

3）单击"确定"按钮，返回"页面设置管理器"对话框，单击按钮 置为当前(S)，把"A3 图纸页面设置"置为当前，如图 9-40 所示。最后关闭"页面设置管理器"对话框。

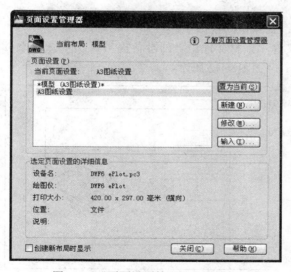

图 9-40 "页面设置管理器"对话框

步骤 3：图形的打印输出

1）再次在菜单中执行"文件"|"打印"命令，打开"打印-模型"对话框。在"页面设置"的"名称"下拉列表中选择"A3 图纸设置"选项，"打印范围"设置为"窗口"，计算机回到模型空间的图形中。

2）在模型空间的图形中分别指定第一点和对角点为图形的左上角和右下角。回到"打印-模型"对话框，单击按钮 预览(P)... 进行预览，满意后保存，如图 9-41 所示。

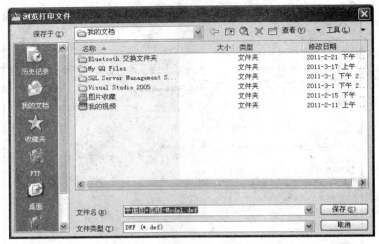

图 9-41 "浏览打印文件"对话框

3）由于设置的是"DWF6-eplot.pc3"的电子打印，故要保存扩展名为 dwf 的电子文件。图形在模型空间中的打印输出完成。

案例二：布局空间输出

步骤 1：删除系统默认的视口

1）打开素材文件（素材文件由教师准备提供），进入布局环境，单击绘图区左下方的"布局 1"选项卡，如图 9-42 所示。

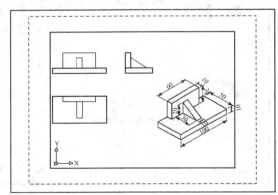

图 9-42 布局中的素材图形

2）进入"布局 1"图纸空间，在命令行中选择 e 命令，选择视口，将其删除。这样就删除了系统默认的视口。

步骤 2：进行页面设置

1）在"布局 1"选项卡上右击，在弹出的快捷菜单中执行"页面设置管理器"命令，如图 9-43 所示。

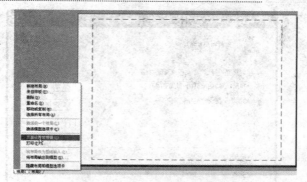

图 9-43 执行 "页面设置管理器" 命令

2）打开 "页面设置管理器" 对话框，单击按钮 新建(N)... ，新建 "A3 图纸页面-布空间局"，如图 9-44 所示。

3）单击 "确定" 按钮，进入 "页面设置-布局 1" 对话框。在对话框中设置 "打印机/绘图仪" 的名称 为 "DWF6-eplot.pc3"，设置 "图纸尺寸" 为 "ISO A3（420.00×297.00 毫米）"，在 "打印范围" 下拉列表 中选择 "布局"，打印比例选择 "1：1"，如图 9-45 所示。

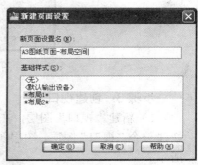

图 9-44 "新建页面设置" 对话框

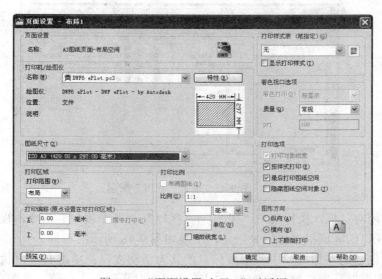

图 9-45 "页面设置-布局 1" 对话框

4）单击 "确定" 按钮，关闭 "页面设置-布局 1" 对话框。进入 "页面设置管理器" 对话框，选择新建的 "A3 图纸页面-布空间局"，将其置为当前，如图 9-46 所示。最后 单击 "关闭" 按钮，页面设置完成。

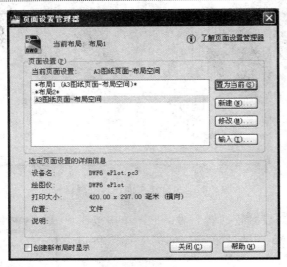

图 9-46 "页面设置管理器"对话框

步骤 3：创建视口

1）新建"视口"图层，在命令行中执行 la 命令，打开"图层特性管理器"对话框。新建一个"视口"图层，图层颜色为 8 号灰色，将"视口"图层置为当前图层，如图 9-47 所示。

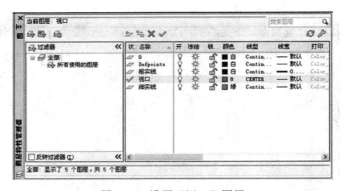

图 9-47 设置"视口"图层

2）关闭对话框，执行菜单"视图"|"视口"|"两个视口"命令，视口排列方式为"垂直"，视口的区域根据提示来指定，出现如图 9-48 所示的布局。

3）在创建的左边视口中双击鼠标，使其为活动视口。单击右下角状态栏上的"视口比例"列表框，调整视口比例为 1：1，使用实时平移命令，使三视图在视口中显示，如图 9-49 所示。

4）用相同的方法调整右视口的布局，设置视口比例为 5：4，如图 9-50 所示。

5）在视口外双击鼠标，视口创建完成。

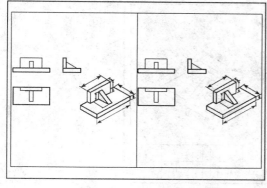

图 9-48　新建的布局

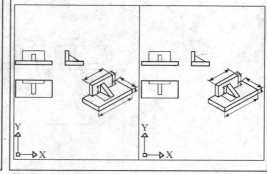

图 9-49　左视口中的布局

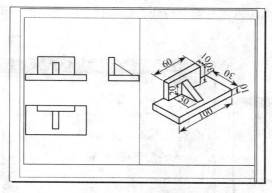

图 9-50　右视口中的布局

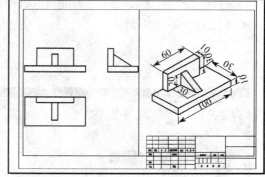

图 9-51　插入图框后的布局

步骤 4：插入图框

1）在命令行中执行 la 命令，打开"图层特性管理器"对话框，将图层 0 置为当前图层。

2）执行 i 命令，打开"插入"对话框，插入图库中的"A3 机械"图框，如图 9-51 所示。

✿小技巧：可通过 m 命令来调整位置。

步骤 5：打印输出

1）在图层下拉控制列表框中，单击"视口"图层上的 💡，将"视口"图层隐藏。

2）执行"文件"|"打印预览"命令，如图 9-52 所示。

📖小知识：当出现有部分内容不能打印时，这是由于图框大小超越了图纸的可打印区域。可按以下方式调整。

1）按 Esc 键退出预览，执行"文件"|"绘图仪管理器"命令，出现"plotters"文件夹，如图 9-53 所示。

2）双击当前使用的打印机名称"DWF6-eplot.pc3"，打开"绘图仪配置编辑器"对话框。选择"设备和文档设置"选项卡，在上方的结构目录中选择"修改标准图纸尺寸

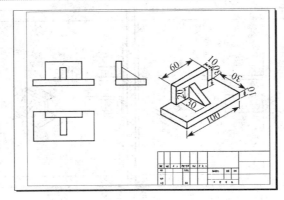

图 9-52　打印预览的效果

（可打印区域）"选项，在下方的"修改标准图纸尺寸"下拉列表中选择当前使用的图纸尺寸类型，如图 9-54 所示。

图 9-53　"plotters"文件夹

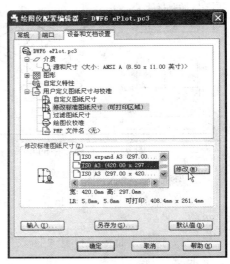

图 9-54　"绘图仪配置编辑器"对话框

　　3）单击按钮 修改(M)... ，打开"自定义图纸尺寸-可打印区域"对话框，设置上下左右的边界值，如图 9-55 所示。

　　4）单击"下一步"按钮，完成对可打印区域的修改，单击"确定"按钮，关闭对话框。

　　5）再次执行"文件"|"打印预览"命令，图框即可正常打印，并且视口边框不可见。

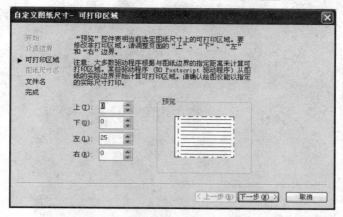

图 9-55 "自定义图纸尺寸-可打印区域"对话框

9.4 项目总结

模型空间和布局空间均可对图形进行打印输出。布局空间可以创建不同视口来布局，每个布局的图形可按不同的比例进行打印输出。可以通过关闭视口图层来隐藏视口的边界线。

9.5 思考与练习

1．打印图形时，一般应设置哪些打印参数，如何设置？
2．打印图形的主要过程是什么？
3．在 AutoCAD 中如何使用布局向导创建布局？
4．当设置完成打印参数后，应如何保存以便以后再次使用？
5．怎样生成电子图纸？从图纸空间打印图形的主要过程是什么？

第 *10* 章

建筑平面图的绘制

10.1 知识链接

10.1.1 建筑平面图的产生

假想用一个水平剖切平面沿房屋门窗洞口的位置把房屋切开，移去上部之后，对剖切平面以下部分所做出的水平投影图，称为建筑平面图，简称平面图，如图 10-1 所示。

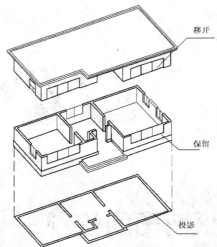

图 10-1 建筑平面图的生成

10.1.2 建筑平面图的名称

平面图反映的是楼层的平面特征，因此，命名包括底层平面图、标准层平面图（如 2～6 层平面图）、顶层平面图、屋顶平面图等。

10.1.3 建筑平面图的内容

平面图主要表现房屋的平面状况和平面布置，包括房间的分割、楼梯和走道的布置、墙柱构件的布局及轴线编号、门窗位置、平面尺寸、卫生设施的布置等。

建筑平面图的主要内容包括以下方面。

1）建筑物及其组成房间的名称、尺寸、定位轴线和墙壁厚等。

2）走廊、楼梯位置及尺寸。

3）门窗位置、尺寸及编号。

4）台阶、阳台、雨篷、散水的位置及细部尺寸。

5）室内地面的高度。

6）首层地面上应画出剖面图的剖切位置线，以便与剖面图对照查阅。

10.2 项目要求和分析

1. 项目要求

建立如图 10-2 所示的住宅建筑平面图。

2. 项目分析

绘制建筑平面图时，通过观察图形可以发现该层左右单元户型是一致的，因此部分图形（如墙体、门窗、文字等）可绘出左单元，再通过镜像得到右单元，以此提高绘图效率。绘图流程可按照：新建图形→修改绘图环境→设置图层→绘制轴线→绘制墙体和

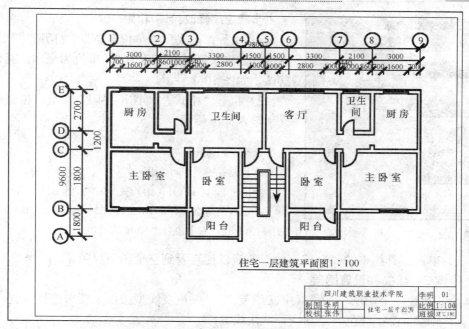

图 10-2　住宅建筑平面图

门窗开洞→绘制门窗→进行文字标注→进行尺寸标注→绘制轴号→绘制楼梯→绘制图框和标题栏的流程进行。

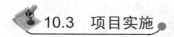

10.3　项目实施

步骤 1：新建图形文件

在工具栏中单击图标 □，弹出如图 10-3 所示的"选择样板"对话框。选择"acadiso. dwt"文件，单击"打开"按钮，新建一个 AutoCAD 文件。

图 10-3　"选择样板"对话框

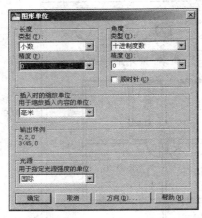

图 10-4 "图形单位"对话框

步骤 2：修改绘图环境

1）执行"格式"|"单位"命令。打开"图形单位"对话框。将长度精度修改为 0，单位为毫米，其他保持默认。如图 10-4 所示。

2）执行"格式"|"图形界限"命令，根据命令行提示输入如下所示。

命令：limits
重新设置模型空间界限：
指定左下角点或[开（ON）/关（OFF）]＜0.0，0.0＞：0，0
指定右上角点＜420.0，297.0＞：20000，10000。指定左下角为原点，右上角为"20000，10000"。

3）单击工具栏中的"全部缩放"按钮以便查看到整个图形界限。

步骤 3：建立并设置图层

一共新建七个图层，名称（中文或英文）、颜色及线型按以下要求进行设置。

1）轴线 axis：红色、点画线、默认线宽；

2）墙体 wall：白色、实线、线宽 0.6mm；

3）门窗 door_window：黄色、实线、默认线宽；

4）文本 text：青色、实线、默认线宽；

5）尺寸标注 dim：绿色、实线、默认线宽；

6）楼梯 stair：白色、实线、默认线宽；

7）标题栏：白色、实线、默认线宽。

设置效果如图 10-5 所示。

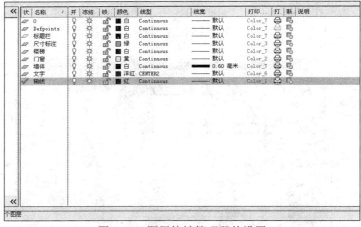

图 10-5 图层特性管理器的设置

步骤 4：绘制轴线

1）将轴线层置为当前图层，并打开正交模式。首先绘制两条基准轴线，如图 10-6 所示。

2）对两条基准轴线进行偏移操作，偏移尺寸应与开间和进深的标注尺寸一致：水平轴线连续向下偏移 2700，1200，3900，1800；竖直轴线连续向右偏移 3000，2100，3300，1500。完成偏移操作后得到的轴线网如图 10-7 所示。

图 10-6　基准轴线

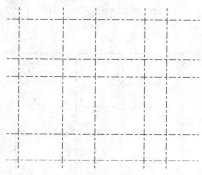

图 10-7　轴线网格

步骤 5：绘制墙体

1）将墙体层置为当前图层，在命令行输入 mline（多线）命令，参数设置如下。

指定起点或[对正（J）/比例（S）/样式（ST）]：s
输入多线比例<20.00>：240
当前设置：对正=上，比例=240.00，样式=STANDARD
指定起点或[对正（J）/比例（S）/样式（ST）]：j
输入对正类型[上（T）/无（Z）/下（B）]<上>：z
当前设置：对正=无，比例=240.00，样式=STANDARD

设置完成后绘制墙体（阳台部分多线比例设置为 120），如图 10-8 所示。

2）在命令行输入 mledit 命令，在弹出的"多线编辑工具"对话框内，对多线的角点、十字、T 字部分进行修剪，如图 10-9 所示。修剪后的效果如图 10-10 所示。

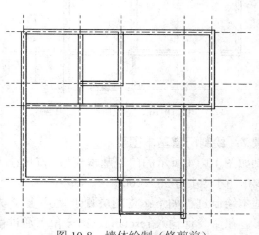

图 10-8　墙体绘制（修剪前）

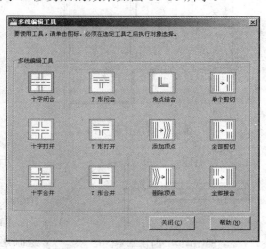

图 10-9　"多线编辑工具"对话框

步骤6：门窗开洞

按照尺寸要求进行门窗开洞。现以客厅处的窗洞为例介绍其过程。对 3 号轴线进行连续偏移操作，偏移距离分别为 1000，2800。完成后对墙体部分进行修剪操作，并删除偏移后的两根轴线，对开口位置连接直线，如图 10-11 和图 10-12 所示。

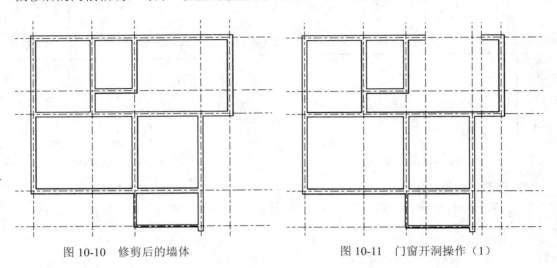

图 10-10　修剪后的墙体　　　　　　　图 10-11　门窗开洞操作（1）

其余的门窗洞按照同样的方法处理，如图 10-13 所示。

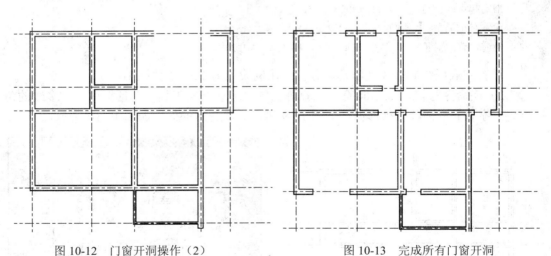

图 10-12　门窗开洞操作（2）　　　　　图 10-13　完成所有门窗开洞

步骤7：绘制门窗基本图形

绘制如图 10-14 所示的门窗基本模型，窗尺寸为 1000×240，门尺寸为 50×1000。

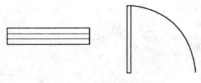

图 10-14　门窗基本图形

窗基本绘制过程如下：将图层置于"0"层，先绘制矩形。在命令行输入 resctang，第一角点通过鼠标在屏幕上单击，对角点输入：@1000，240。接下来分解矩形，并使用偏移命令，指定偏移距离为 80，对上边线向下连续偏移两次。

门基本绘制过程如下：将图层置于"0"层，先绘制矩形。在命令行输入 rectang，第一角点通过鼠标在屏幕上单击，对角点输入：@50，1000。接下来使用圆弧命令，采用"起点、圆心、角度"的方式绘制门的开启线，起点为矩形的左上角点，圆心为矩形的左下角点，角度指定为－90°。

步骤 8：创建"门"块和"窗"块

1）创建"门"块。在命令行中输入 block，在弹出的"块定义"对话框中设置如下：在"名称"下拉列表框中填入块名称"door"；单击"拾取点"图标，拾取点定为门的左下角点，其他为默认，如图 10-15 所示。

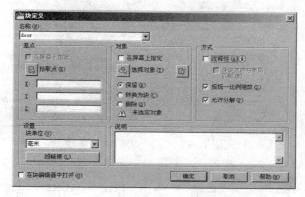

图 10-15 "门"块的创建

2）创建"窗"块。在命令行中输入 block，在弹出的"块定义"对话框中设置如下：在"名称"下拉列表框中填入块名称"window"；单击"拾取点"图标，拾取点定为窗的左下角点（也可为其他三个角点），如图 10-16 所示。

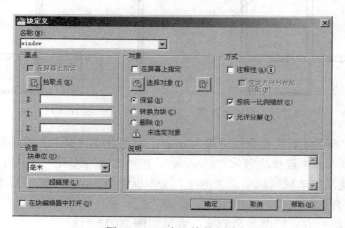

图 10-16 "窗"块的创建

步骤9：根据尺寸、方向等要求插入"门"块和"窗"块

1）插入"门"块。将当前图层置为门窗层，在命令行中输入 insert，在弹出的"插入"对话框中设置如下：在"名称"下拉列表框中选择块名称"door"；"比例"选项区域中的"X"和"Y"的文本框都填入 0.7；在"旋转"选项区域中的"角度"文本框填入 0，设置如图 10-17 所示。将图块放到门洞合适的位置，效果如图 10-18 所示。

采用插入块的方式绘制其余的门，效果如图 10-19 所示。

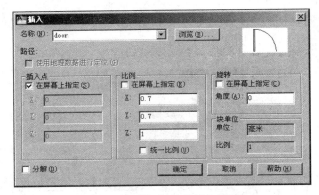

图 10-17 "门"块的插入设置

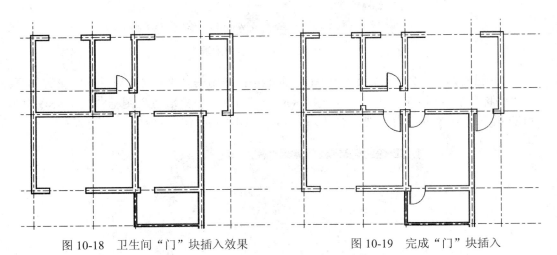

图 10-18 卫生间"门"块插入效果   图 10-19 完成"门"块插入

2）插入"窗"块。在命令行中输入 insert，在弹出的"插入"对话框中设置如下：在"名称"下拉列表框中选择块名称"window"；在"比例"选项区域中的"X"文本框中填入 1.6；在"旋转"选项区域中的"角度"文本框中填入 0，设置如图 10-20 所示。将图块放入到窗洞合适的位置，如图 10-21 所示。

采用插入块的方式绘制其余的窗，效果如图 10-22 所示。

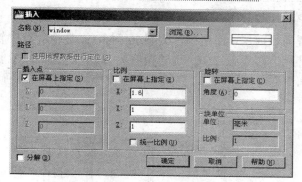

图 10-20 "窗"块的插入设置

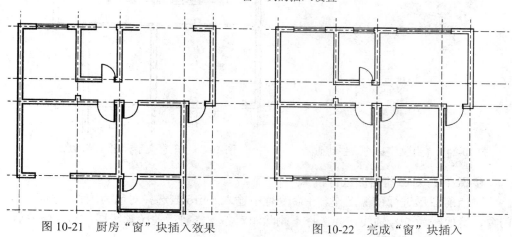

图 10-21 厨房"窗"块插入效果   图 10-22 完成"窗"块插入

步骤 10：文本标注

（1）文本标注设置

先设置文字样式。执行"格式"|"文字样式"命令，弹出"文字样式"对话框。建立"汉字"样式和"数字"样式，如图 10-23 所示。汉字样式采用"仿宋_GB2312"字体，宽度因子设为 0.8，用于填写标题栏、门窗列表中的汉字样式等；数字样式采用"Simplex.shx"字体，宽度因子设为 0.8，用于数字及特殊字符的书写。

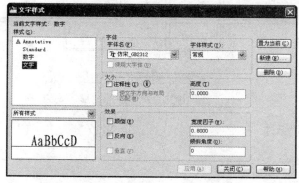

图 10-23 "文字样式"对话框

（2）单行文字标注

将文本层设置为当前层，使用单行文字进行标注。在命令行中输入 dtext，文字起点指定在平面图的外侧，高度为 250，旋转角度为 0。一次输入"客厅"、"卫生间"、"主卧室"等多行文字，如图 10-24 所示。再采用夹点操作将文字移至正确的位置，如图 10-25 所示。

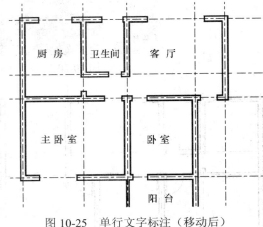

客厅
主卧室
卧室
卫生间
厨房
阳台

图 10-24　单行文字标注（移动前）　　　　图 10-25　单行文字标注（移动后）

步骤 11：对当前图形进行镜像

对当前图形进行镜像操作。在命令行中输入 mirror，选择对象为墙体、轴线、文字、门窗，镜像线为 5 号轴线，并选择不删除源对象，修剪后关闭轴线层。局部修剪后，得到如图 10-26 所示的图形。

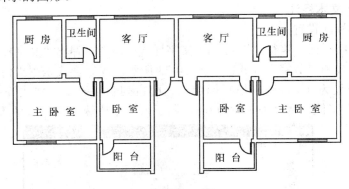

住宅一层建筑平面图1：100

图 10-26　镜像后的图形

步骤 12：尺寸标注

1．设置标注样式

1）执行"格式"|"标注样式"命令，弹出"标注样式管理器"对话框，如图 10-27

所示。

2）在"标注样式管理器"对话框中单击"新建"按钮，弹出"创建新标注样式"对话框。选择"基础样式"为"ISO-25"，在"新样式名"文本框中输入"建筑"样式名，如图 10-28 所示。

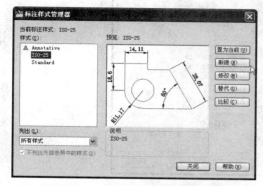

图 10-27 "标注样式管理器"对话框

图 10-28 "创建新标注样式"对话框

3）单击"继续"按钮，在"新建标注样式：建筑"对话框中，单击"线"选项卡，将"延伸线"选项区域中的"起点偏移量"值设为 3，如图 10-29 所示。

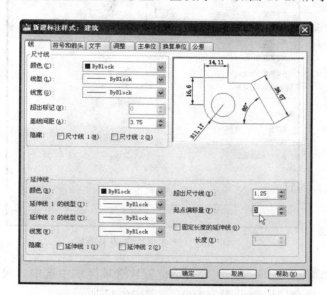

图 10-29 "线"选项卡设置

4）单击"符号和箭头"选项卡，在"箭头"选项区域中，将箭头的格式设置为"建筑标记"，如图 10-30 所示。

5）单击"文字"选项卡，在"文字外观"选项区域中，从"文字样式"下拉列表框中选择"数字"文字样式，"文字高度"设置为 3.5，如图 10-31 所示。

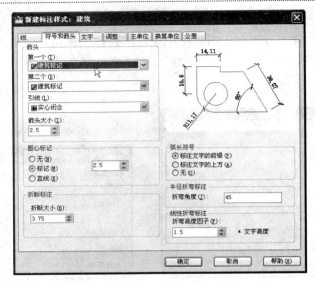

图 10-30 "符号和箭头"选项卡设置

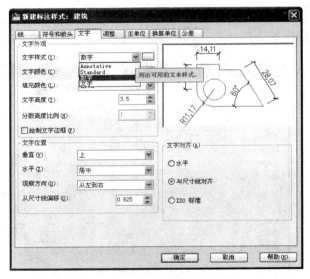

图 10-31 "文字"选项卡设置

6）单击"调整"选项卡，在"文字位置"选项区域中选中"尺寸线上方，不带引线"单选按钮，将全局比例设置为 100，如图 10-32 所示。

7）单击"主单位"选项卡，将"线性标注"选项区域的"单位格式"设置为"小数"，"精度"设置为 0，如图 10-33 所示。

8）单击"确定"按钮，回到"标注样式管理器"对话框。在"样式"列表框中选择"建筑"标注样式，单击"置为当前"按钮，如图 10-34 所示。最后单击"关闭"按钮完成"建筑"标注样式的设置。

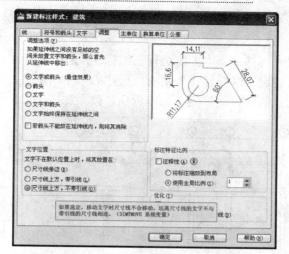

图 10-32 "调整"选项卡设置

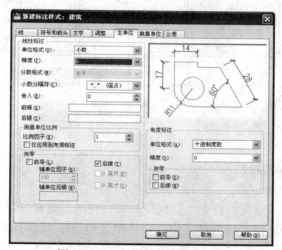

图 10-33 "主单位"选项卡设置

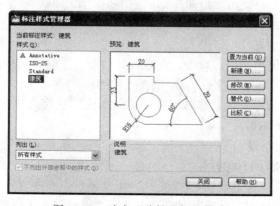

图 10-34 建立"建筑"标注样式

2. 尺寸标注

将图层置为尺寸标注层，本图需进行三道标注：总尺寸标注、开间进深尺寸标注和细部标注。实施时使用"线性标注"完成总尺寸的标注，使用"快速标注"完成开间进深尺寸标注，使用"线性标注"完成细部标注，效果如图 10-35 所示。

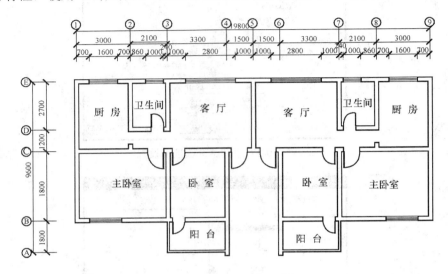

住宅一层建筑平面图1：100

图 10-35　完成尺寸标注

步骤 13：楼梯的绘制

（1）梯步的绘制

将楼梯层置为当前层，首先绘制楼梯梯步。使用 line 命令，绘制一条垂直于楼梯间的直线，然后对其进行连续偏移八次，偏移距离为 300，如图 10-36 所示。

（2）扶手的绘制

在中部绘制扶手。使用矩形命令绘制矩形后，使用偏移命令，偏移距离为 80，向内侧偏移。完成后使用修剪命令进行修剪，如图 10-37 所示。

（3）文本和尺寸标注

箭头的绘制：使用多段线命令，在梯步处绘制一条竖直的多段线，箭头部分多段线起点宽度设为 200，端点宽度设为 0，即得到箭头。

使用单行文本命令，在上部书写单行文字"下"，文字高度设为 250，文字旋转角度为 0，如图 10-38 所示。

步骤 14：绘制轴号

1）绘制一半径为 150 的圆。

2）定义属性。执行"绘图"|"块"|"定义属性"命令，在弹出的"属性定义"对话框中设置如下："标记"文本框输入为"Z"，"提示"文本框输入为"请输入轴号"，

文字"对正"样式设置为"中间","文字高度"为 250，其余为默认值，如图 10-39 和图 10-40 所示。

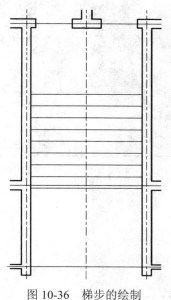

图 10-36　梯步的绘制

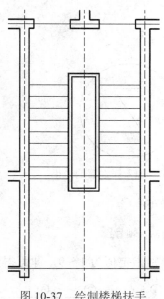

图 10-37　绘制楼梯扶手

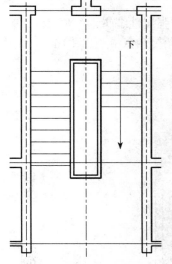

图 10-38　完成箭头和文本标注

图 10-39　"轴号"块的设置

3）创建"轴号"属性块。在命令行中输入 block，在弹出的"块定义"对话框中设置如下：在"名称"下拉列表框中填入块名称为"轴号"；单击"拾取点"图标，拾取点定为圆的下象限点，如图 10-41 所示。

4）插入"轴号"属性块。首先依次插入 1～9 号轴号，指定插入点后，命令行会有

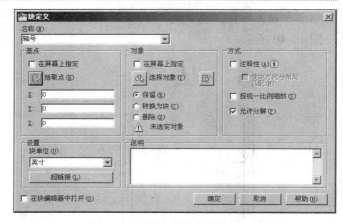

图 10-40 加入属性后的效果　　　　　　　　　　　　图 10-41 轴号块定义的设置

如下提示。

请输入轴号：

分别指定值为 1～9，即可得到轴号，如图 10-42 所示。

图 10-42 横向轴号插入效果

再插入 A～E 号轴号。双击插入的轴号，打开"增强属性编辑器"对话框。单击"文字选项"选项卡，在"旋转"文本框中，将旋转值设置角度填入 0，如图 10-43 和图 10-44 所示。

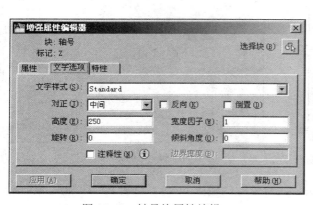

图 10-43 轴号块属性编辑

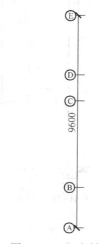

图 10-44 纵向轴号

步骤 15：绘制图框和标题栏

绘制图框和标题栏，如图 10-45 所示。

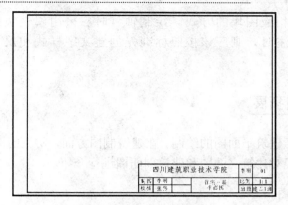

图 10-45　图框和标题栏

将标题栏移动到图形外部正中的位置，完成本项目图形绘制，效果如图 10-46 所示。

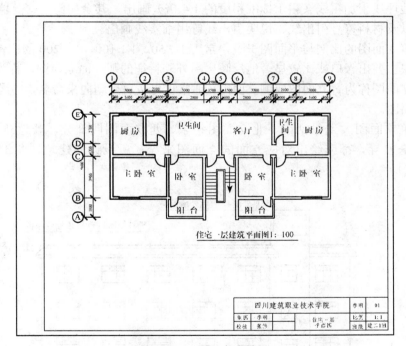

图 10-46　项目完成效果

10.4　项目总结

本项目以住宅建筑平面图为例，详细介绍了建筑平面的绘制过程。

在绘制过程中，图层的设置应注意按照标准进行建立；绘制门窗时应按照先创建图块、再插入相应图块的方式。绘制轴号时应采用属性块的方式绘制。进行文字标注和尺寸标注时，则应该按照标准先创建文字样式和尺寸样式，再进行相应标注。

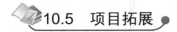

10.5　项目拓展

本项目介绍了建筑平面图的绘制。在建筑制图方面，常见的图形还包括建筑立面图和建筑剖面图，现对建筑立面图和建筑剖面图进行介绍。

1. 建筑立面图

建筑立面图是在与房屋立面相平行的投影面上所做的正投影图，简称立面图。

建筑立面图的图示内容是为使立面图外形更清晰，通常用粗实线表示立面图的最外轮廓线，而凸出墙面的雨篷、阳台、柱子、窗台、窗楣、台阶、花池等投影线用中粗线画出，地坪线用加粗线（粗于标准粗度的 1.4 倍）画出，其余如门、窗及墙面分格线、落水管以及材料符号引出线、说明引出线等用细实线画出。

建筑立面图的比例与平面图一致，常用 1∶50、1∶100、1∶200 的比例绘制。

反映主要出入口或比较显著地反映房屋外貌特征的那一面立面图，称为正立面图，其余的立面图称为背立面图或侧立面图。通常也可按房屋朝向来命名，如南北立面图或东西立面图。

建筑立面图大致包括南、北立面图和东、西立面图四部分，若建筑各立面的结构有丝毫差异，都应绘出对应立面的立面图来诠释所设计的建筑。图 10-47 所示为正立面图。

图 10-47　某建筑正立面图

2．建筑剖面图

假想用一个或多个垂直于外墙轴线的铅垂剖切面将房屋剖开，所得的投影图称为建筑剖面图，简称剖面图。剖面图用以表示房屋内部的结构或构造形式、分层情况和各部位的联系、材料及其高度等，是与平、立面图相互配合的不可缺少的重要图样之一。

剖面图的数量是根据房屋的具体情况和施工实际需要而决定的。剖切面一般为横向，即平行于侧面，必要时也可纵向，即平行于正面。其位置应选择在能反映出房屋内部构造比较复杂与典型的部位，并应通过门窗洞的位置。若为多层房屋，应选择在楼梯间或层高不同、层数不同的部位。剖面图的图名应与平面图上所标注剖切符号的编号一致，如 1-1 剖面图（如图 10-48 所示）、2-2 剖面图等。

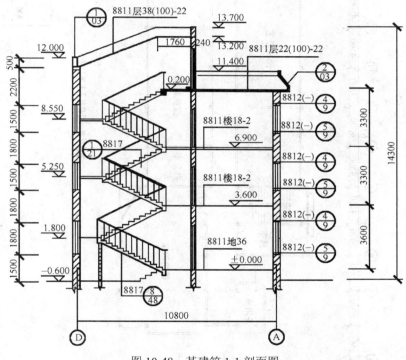

图 10-48　某建筑 1-1 剖面图

剖面图中的断面，其材料图例与粉刷面层和楼、地面面层线的表示原则及方法，与平面图的处理相同。

10.6　思考与练习

绘制如图 10-49 所示的某教学楼建筑平面图。

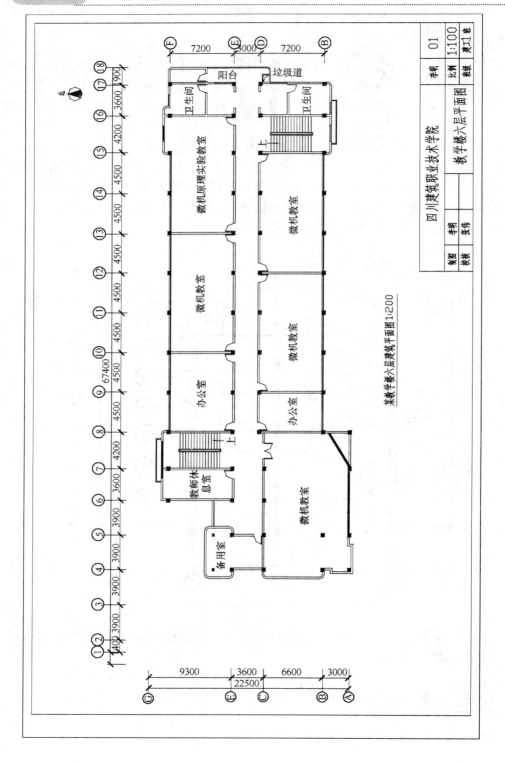

某教学楼六层建筑平面图 1:200

图 10-49 某教学楼六层建筑平面图

第 *11* 章

零件图的绘制

机械零件工程图的绘制方法必须参照机械制图的国家标准，必须掌握零件的各个视图的投影关系，还需要熟练应用各种绘图命令和掌握各种编辑作图技巧，通过反复练习逐步提高自己的作图能力。

本章以轮轴二维图的绘制方法为例，详细介绍绘制机械零件工程图的步骤。

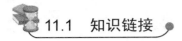 **11.1　知识链接**

11.1.1　零件图

任何一台机器或部件都是由零件装配而成的。表达单个零件的结构形状、尺寸大小以及加工等方面的技术要求的图样称为零件图。根据零件图的结构形状一般将其分为轴类零件、盘类零件、叉类零件、箱体类零件等。任何机械或部件都是由若干零件装配而成。

零件图主要包括如下内容。

1．一组视图

一组视图主要包括主视图、剖视图、剖面图、局部放大图等，用以完整、清晰地表达零件的内外形状和结构。

2．完整的尺寸

零件图中应正确、完整、清晰、合理地标注出制造零件所需的全部尺寸，用以确定零件各部分结构形状和相对位置。

3．技术要求

用以说明零件在制造和检验时应达到的技术要求，如表面粗糙度、尺寸公差、形状和位置公差及表面处理和材料处理等。

4．标题栏

标题栏位于零件图的右下角，用以填写零件的名称、材料、比例、数量、图号及设计、制造、校核人员等。

11.1.2　零件图的绘制过程

零件图的绘制过程是将零件图的内容完整表达出来的过程。在计算机绘图时，零件图绘制的一般过程如下。

1）根据图纸幅面大小和版式的不同，建立符合机械制图国家标准的若干机械图样模板。模板中包括图纸幅面、图层、尺寸标注的一般样式、使用文字的一般样式和标题栏等。直接调用建立好的模板进行绘制，有利于提高绘图效率。

2）根据零件类型的不同，确定主视图和其他视图的布局。主视图是零件图中最主要的视图，它的选择是否合理直接关系到看图和绘图的方便与否。主视图的选择应包括选择主视图的投射方向和确定零件的安放位置。当主视图不能完全表达其结构和形状时，就需要选择其他视图进行补充表达。其他视图的确定可从以下几方面来考虑。

● 优先选用基本视图，并采用剖视图和断面图。

● 根据零件的复杂程度和结构特点，确定其他视图的数量。

● 在完整、正确、清楚地表达零件结构形状下，力求视图数量最少，以免重复、烦琐、导致主次不分。

3）根据视图的数量和目测实物大小，确定适当的比例，并选择合适的图纸样板。

4）图形绘制完成后，进行尺寸标注和技术要求标注。

5）填写标题栏，并保存图形文件。

11.2 项目要求和分析

1. 项目要求

绘制如图 11-1 所示的轮轴图。

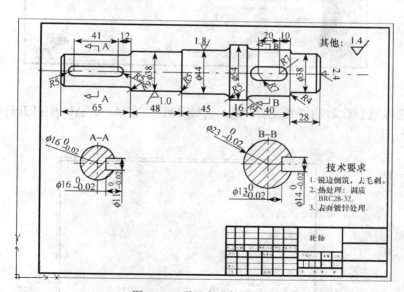

图 11-1 项目完成的零件图

2. 项目分析

从轮轴的结构上进行分析，首先它具有阶梯，即轴的各部分的直径不同，形成台阶的样子。它还具有左右两个键槽，键和键槽的作用是连接轴和轴上的转动件。下面是键槽的局部剖视图，以表示形状并标注了槽的尺寸。画轮轴的方法可以先画出中心轴上面的图形，然后通过镜像命令来画出下面的对称部分。图框部分可以采用已绘制好的样板文件直接使用，具体的绘制方法可参考图层部分的项目案例来完成，这里不再细述。此图采用 A3 图纸按 1∶1 的比例来完成。

11.3 项目实施

步骤 1：调用样板文件

1）执行"文件"|"新建"命令，打开"选择样板"对话框，如图 11-2 所示。

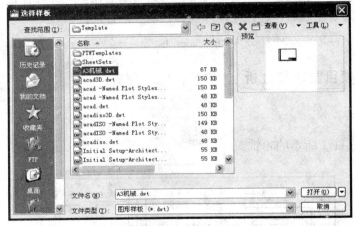

图 11-2 "选择样板"对话框

2）选择已制作好的样板文件"A3 机械.dwt"，在 AutoCAD 中打开样板文件，如图 11-3 所示。

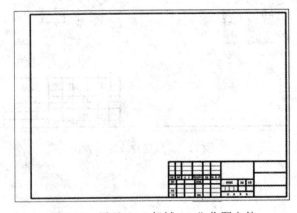

图 11-3 用于"A3 机械.dwt"作图文件

✖小技巧： 已绘制好的样板文件若不在 AutoCAD 默认的 Template 目录下，可通过“选择样板”对话框中的“查找范围”旁的下拉列表来指定位置。

步骤 2：绘制轮轴中心线

1）切换图层，在“图层”面板中选择“中心线”图层。

2）打开状态栏中的正交模式。

3）在命令行中执行 l 命令，画出中心线长度为 300，执行的命令如下。

```
命令：l Line
指定第一点：   //在适当位置单击鼠标
指定下一点或[放弃（U）]：300  //鼠标右移动
指定下一点或[放弃（U）]：    //回车结束
```

步骤 3：绘制轮轴主视图

1）切换图层，在“图层”面板中选择“粗实线层”图层。

2）在命令行中执行 l 命令，在中心线上选取一点作为直线起点，向上移动光标，输入距离为 16 并按回车键；向右移动光标，输入距离 65 并按回车键；向上移动光标，输入距离 3 并按回车键……完成如图 11-4 所示的直线绘制。具体命令提示如下。

```
命令：l LINE
指定第一点：                              //在中心线上指定一点作为起点
指定下一点或[放弃（U）]：16                //鼠标向上移动
指定下一点或[放弃（U）]：65                //鼠标向右移动
指定下一点或[闭合（C）/放弃（U）]：3       //鼠标向上移动
指定下一点或[闭合（C）/放弃（U）]：48      //鼠标向右移动
指定下一点或[闭合（C）/放弃（U）]：3       //鼠标向上移动
指定下一点或[闭合（C）/放弃（U）]：45      //鼠标向右移动
指定下一点或[闭合（C）/放弃（U）]：5       //鼠标向上移动
指定下一点或[闭合（C）/放弃（U）]：16      //鼠标向右移动
指定下一点或[闭合（C）/放弃（U）]：4       //鼠标向下移动
指定下一点或[闭合（C）/放弃（U）]：40      //鼠标向右移动
指定下一点或[闭合（C）/放弃（U）]：4       //鼠标向下移动
指定下一点或[闭合（C）/放弃（U）]：28      //鼠标向右移动
指定下一点或[闭合（C）/放弃（U）]：        //选取中心线上的垂足点
指定下一点或[闭合（C）/放弃（U）]：        //回车结束
```

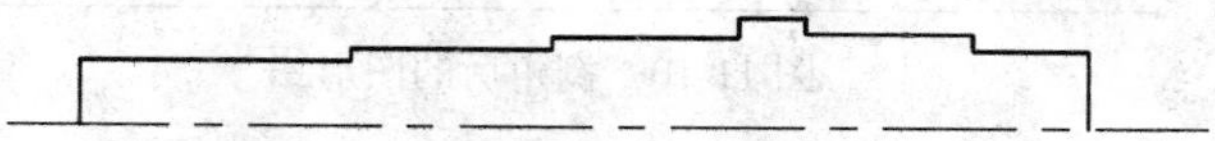

图 11-4 绘制直线

3）单击“常用”选项卡“修改”面板中的⊸/（延伸）按钮，选择水平中心线为延伸的边界并按回车键，分别单击要延伸的直线，并按回车键结束，得到如图 11-5 所示的图形。

图 11-5　进行延伸后的图形

4）单击"常用"选项卡"修改"面板中的▱（倒角）按钮，倒角的距离均为3，选择要进行倒角的两条直线，效果如图 11-6 所示。

图 11-6　倒角后的图形

5）执行 l 命令，在刚才倒角处补上竖直直线，如图 11-7 所示。

图 11-7　倒角处补上竖直直线

6）单击"常用"选项卡"修改"面板中的▱（圆角）按钮，在命令行中输入 t 并按回车键，键入 n 选择不修剪模式并按回车键，输入圆角半径 3 并按回车键，对要倒圆角的地方进行倒圆角，如图 11-8 所示。

7）单击"常用"选项卡"修改"面板中的（修剪）按钮修剪多余线段，修剪完成后如图 11-9 所示。

图 11-8　修剪前放大图　　　　　　　　　　　　　　　　图 11-9　修剪后放大图

8）重复 6）、7）步，对图形进行处理，完成相应部分的倒角处理。倒角的角半径如图 11-10 所示。

图 11-10　倒角后的图形

9）单击"常用"选项卡"修改"面板中的▲（镜像）按钮，框选所有粗实线为镜像对象，按回车键结束选择；选取水平中心线上的两点作对称线，输入字母 n 后按回车键。镜像结果如图 11-11 所示。

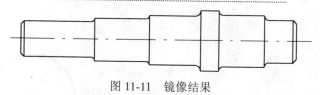

图 11-11　镜像结果

10）单击"常用"选项卡"修改"面板中的⊘（圆）按钮，绘制圆。圆的大小和位置如图 11-12 所示。

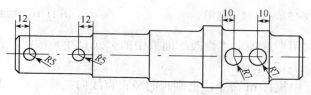

图 11-12　绘制相应的圆

❖小技巧：通过打开状态栏中的对象捕捉和对象捕捉追踪来确定相应的圆心。

11）单击"常用"选项卡"修改"面板中的╱（直线）按钮，绘制如图 11-13 所示的圆的切线。

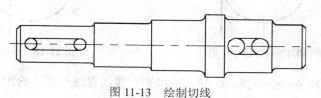

图 11-13　绘制切线

12）单击"常用"选项卡"修改"面板中的⊱（修剪）按钮修剪多余线段，完成后如图 11-14 所示。

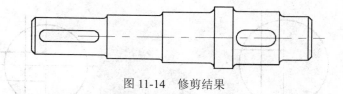

图 11-14　修剪结果

❖小技巧：关闭对象捕捉中除切点外的其他捕捉点，可以很方便地捕捉圆上的切点。

步骤 4：绘制左键槽断面图

1）切换图层，在"图层"面板中选择"中心线"图层。

2）单击"常用"选项卡"修改"面板中的╱（直线）按钮，绘制一条水平中心线和一条垂直中心线，长度为 40。选取两条中心线，再单击垂直直线的中心夹点，移动与水平中心线的夹点重合。如图 11-15 所示。

3）切换图层，在"图层"面板中选择"细实线"图层。

4）单击"常用"选项卡"修改"面板中的⊘（圆）按钮，绘制半径为 16 的圆，如

图 11-16 所示。

图 11-15　中心线示意图　　　　　　　　图 11-16　绘制圆

5）单击"常用"选项卡"修改"面板中的 ✎（直线）按钮，在圆的右边绘制一条竖直切线，如图 11-17 所示。

6）在命令行中执行 m 命令，把刚画的竖直直线向左移动 8，效果如图 11-18 所示。

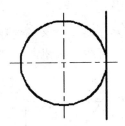
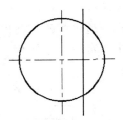

图 11-17　绘制竖直切线　　　　　　　　图 11-18　移动结果

7）重复 5）、6）步操作，绘制一条水平直线，直线与圆心的距离为 5，如图 11-19 所示。

8）单击"常用"选项卡"修改"面板中的 ⚟（镜像）按钮，选取水平直线并按回车键，以水平中心线为对称轴作镜像，效果如图 11-20 所示。

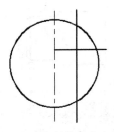
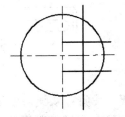

图 11-19　绘制另一条水平线　　　　　　　图 11-20　镜像结果

9）单击"常用"选项卡"修改"面板中的 ⊬（修剪）按钮修剪多余线段，完成后的效果如图 11-21 所示。

10）切换图层，在"图层"面板中选择"剖面线"图层。

11）单击"常用"选项卡"修改"面板中的 ▨（图案填充）按钮，打开"图案填充和渐变色"对话框，如图 11-23 所示，填充类型选择"用户定义"，填充角度为 45°，填充距离为 4。单击按钮 ，选择要填充的区域并按回车键，填充效果如图 11-22 所示。

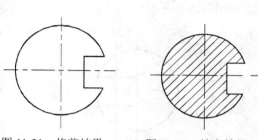

图 11-21　修剪结果　　　图 11-22　填充效果　　　图 11-23　"图案填充和渐变色"对话框

步骤 5：绘制右键槽断面图

1）切换图层，在"图层"面板中选择"中心线"图层。

2）单击"常用"选项卡"修改"面板中的 ╱（直线）按钮，绘制一条水平中心线和一条垂直中心线，长度为 50。选取两条中心线，再单击垂直直线的中心夹点，移动与水平中心线的夹点重合，如图 11-24 所示。

3）切换图层，在"图层"面板中选择"细实线"图层。

4）单击"常用"选项卡"修改"面板中的 ⊙（圆）按钮，绘制半径为 24 的圆，如图 11-25 所示。

图 11-24　中心线示意图　　　　　　图 11-25　绘制圆

5）单击"常用"选项卡"修改"面板中的 ╱（直线）按钮，在圆的右边绘制一条竖直切线，如图 11-26 所示。

6）在命令行中执行 m 命令，把刚画的竖直直线向左移动 10，效果如图 11-27 所示。

7）重复 5）、6）步操作，绘制一条水平直线，直线与圆心的距离为 7，如图 11-28 所示。

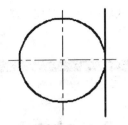

图 11-26　绘制竖直切线

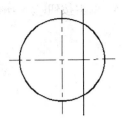

图 11-27　移动结果

8）单击"常用"选项卡"修改"面板中的 ⚶（镜像）按钮，选取水平直线并按回车键，以水平中心线为对称轴作镜像，效果如图 11-29 所示。

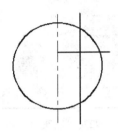

图 11-28　绘制另一条水平线

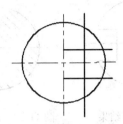

图 11-29　镜像结果

9）单击"常用"选项卡"修改"面板中的 ⊬（修剪）按钮修剪多余线段，完成后的效果如图 11-30 所示。

10）切换图层，在"图层"面板中选择"剖面线"图层。

11）单击"常用"选项卡"修改"面板中的 ▨（图案填充）按钮，打开"图案填充和渐变色"对话框。填充类型选择"用户定义"，填充角度为 45°，填充距离为 4。单击按钮 ▣ 添加:拾取点，选择要填充的区域并按回车键，填充效果如图 11-31 所示。

图 11-30　修剪结果

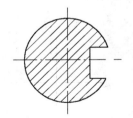

图 11-31　填充效果

步骤 6：标注轮轴尺寸

1）切换图层，在"图层"面板中选择"尺寸线"图层。

2）单击"注释"选项卡"标注"面板中的 ◿ 按钮，弹出如图 11-32 所示的"标注样式管理器"对话框。

3）在"标注样式管理器"对话框中，单击"修改"按钮，弹出如图 11-33 所示的"修改标注样式"对话框。

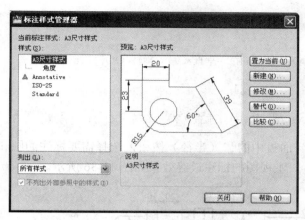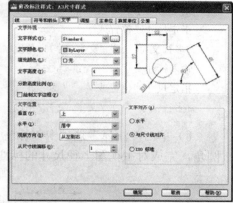

图 11-32　"标注样式管理器"对话框　　　　图 11-33　"修改标注样式"对话框

4）在"修改标注样式"对话框中，选择"文字"选项卡，在"文字高度"选项中输入 4。

5）选择"符号和箭头"选项卡，在"箭头大小"选项中输入 4，单击"确定"按钮完成标注样式的设置。

6）单击"注释"选项卡"标注"面板中的（线性）按钮，选择需要标注的水平线性尺寸的端点，完成对主视图水平线型尺寸的标注，结果如图 11-34 所示。

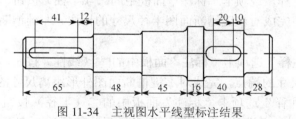

图 11-34　主视图水平线型标注结果

7）单击"注释"选项卡"标注"面板中的（线性）按钮，选择需要标注的垂直线性尺寸的端点，完成对主视图垂直线型尺寸的标注，结果如图 11-35 所示。左边第一个垂直标注的提示如下，其余依此类推。

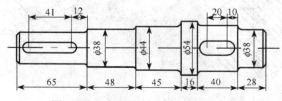

图 11-35　主视图垂直线型标注结果

命令：_dimlinear

指定第一条延伸线原点或<选择对象>：

指定第二条延伸线原点：

指定尺寸线位置或

[多行文字（M）/文字（T）/角度（A）/水平（H）/垂直（V）/旋转（R）]：t

输入标注文字<38>：%%C38

指定尺寸线位置或

[多行文字（M）/文字（T）/角度（A）/水平（H）/垂直（V）/旋转（R）]：

8）单击"注释"选项卡"标注"面板中的 🔘（半径）按钮，选择需要标注的圆和圆角，完成对主视图半径尺寸的标注。主视图的标注最终效果如图 11-36 所示。

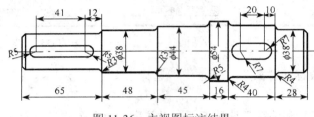

图 11-36　主视图标注结果

9）单击"注释"选项卡"标注"面板中的 🞂（线性）按钮，在左键槽断面图中选择需要标注线性尺寸的端点，完成对左键槽断面图外形距离尺寸的标注。

10）单击"注释"选项卡"标注"面板中的 🔘（半径）按钮，在左键槽断面图中选择需要标注的圆，完成对左键槽断面图半径尺寸的标注。左键槽断面图的标注结果，如图 11-37 所示。

11）单击"注释"选项卡"标注"面板中的 🞂（线性）按钮，在右键槽断面图中选择需要标注线性尺寸的端点，完成对右键槽断面图外形距离尺寸的标注。

12）单击"注释"选项卡"标注"面板中的 🔘（半径）按钮，在右键槽断面图中选择需要标注的圆，完成对左键槽断面图半径尺寸的标注。右键槽断面图的标注结果如图 11-38 所示。

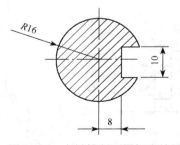

图 11-37　左键槽断面图标注结果

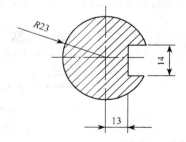

图 11-38　右键槽断面图标注结果

步骤 7：标注粗糙度

（1）定义表面粗糙度的块

1）在 AutoCAD 中打开一个空白文档。

2）使用多边形命令，设定边的条数为 3。

3）打开正交模式，设定边的长度为 6，如图 11-39 所示。执行的命令如下所示。

```
命令：_polygon 输入边的数目<3>：3
指定正多边形的中心点或[边（E）]：e
指定边的第一个端点：
指定边的第二个端点：6
```

4）使用 explode 命令对三角形进行分解。

5）对三角形的右边的这条边进行拉长，制作出粗糙度符号，如图 11-40 所示。执行的命令如下所示。

```
命令：_lengthen
选择对象或[增量（DE）/百分数（P）/全部（T）/动态（DY）]：de
输入长度增量或[角度（A）]<0.0000>：7
选择要修改的对象或[放弃（U）]：//拉长的边方向进行选择
```

图 11-39　正三边形

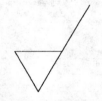

图 11-40　制作出粗糙度符号

6）单击"块"面板中的属性定义按钮，弹出"属性定义"对话框。在"属性"选项区域的"标记"文本框中输入数值，在"提示"文本框中输入大小，在"文字设置"选项区域中的"对正"下拉列表中选择"居中"，"文字高度"为 2.5，其余的默认，设置其参数如图 11-41 所示，单击"确定"按钮。

7）使用移动工具，在粗糙度符号中设置好文字的位置，如图 11-42 所示。

8）在命令中输入 w 执行写块命令，单击"选择对象"后，选择图 11-42 中的所有对象。

9）单击"拾取点"后，选择最下面的顶角为基点，确定文件名、"粗糙度.dwg"和路径。如图 11-43 所示，单击"确定"按钮，出现"编辑属性"对话框。

10）在"编辑属性"对话框中输入数值的大小，比如"1.6"，单击"确定"按钮，如图 11-44 所示。完成粗糙度符号的设置，并定义了属性，最后在 AutoCAD 中删除所定义的块。

（2）标注表面粗糙度

1）在 AutoCAD 中打开上面项目完成的机械零件图。

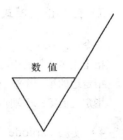

图 11-41 "属性定义"对话框　　　　　　　图 11-42 粗糙度符号

图 11-43 "写块"对话框　　　　　　　图 11-44 "编辑属性"对话框

2）新建一个表面粗糙度图层，并置为当前图层，如图 11-45 所示。

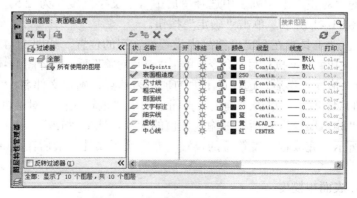

图 11-45 新建的表面粗糙度图层

3）单击"插入"选项卡"块"面板中的"插入"按钮，弹出"插入"对话框。

📖小知识：可在命令行中输入 i 来打开"插入"对话框。

4）在"插入"对话框中单击按钮 浏览(B)... ，指定已建立好粗糙度块文件的位置。选中"插入点"、"旋转"选项区域中的"在屏幕上指定"复选框，单击"确定"按钮，如图 11-46 所示。

5）在图形中指定插入点，并设置相应的参数，完成粗糙度符号的标注，如图 11-47 所示。

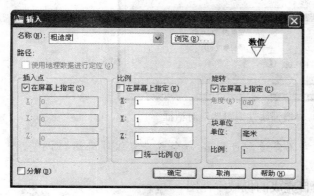

图 11-46　插入粗糙度块文件　　　　　　　图 11-47　插入粗糙度符号

6）重复上面的步骤完成其余粗糙度的标注，如图 11-48 所示。

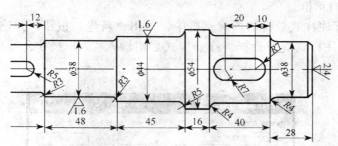

图 11-48　主视图中插入粗糙度符号

7）在主视图的右上角的适当位置输入"其他："文字。

8）重复上面的步骤，完成粗糙度数值为 3.2 的粗糙度标注，如图 11-49 所示。

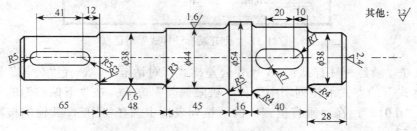

图 11-49　完成后的粗糙度标注

📖**小知识：** 对于要倒置的粗糙度，可以在插入粗糙度符号后，在数值上双击鼠标，打开"增强属性编辑器"对话框，在"文字选项"中选中"反向"和"倒置"复选框来进行设置。如图 11-50 所示。

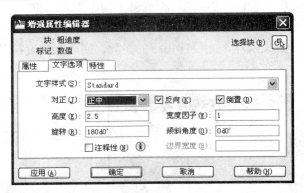

图 11-50 "增强属性编辑器"对话框

✖**小技巧：** 若标注的等级的位置不合适，可用 m 命令或夹点编辑来进行调整。

步骤 8：公差标注

1）在 AutoCAD 中打开上面项目完成的机械零件图。

2）切换图层，在"图层"面板中选择"尺寸线"图层。

3）单击"注释"选项卡"标注"面板中的 ⬚ 按钮，弹出如图 11-32 所示的"标注样式管理器"对话框。

4）在"标注样式管理器"对话框中，单击"新建"按钮，弹出如图 11-51 所示的"创建新标注样式"对话框。在新样式名中输入"A3 尺寸公差样式"，单击"继续"按钮。

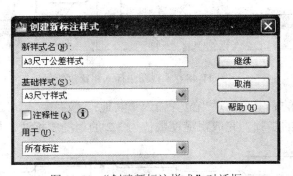

图 11-51 "创建新标注样式"对话框

5）在"新建标注样式：A3 尺寸公差样式"对话框中，选择"公差"选项卡，在"公差格式"的方式下拉列表中选择"极限偏差"方式；在"下偏差"的下拉列表框中输入"0.015"；在"垂直位置"的下拉列表框中选择"中"，其他的按默认方式，如图 11-52 所示。

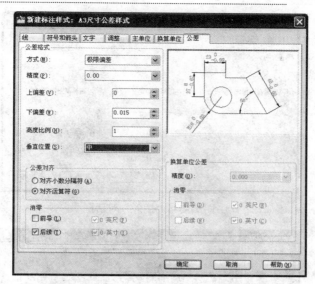

图 11-52 "新建标注样式"对话框

6）在主单位选项卡中仍然使用 "%%C" 的前缀，最后单击 "确定" 按钮，关闭对话框，完成标注样式的建立。

7）选中左右键槽中之前做好的标注，把它们的标注样式改为 "A3 尺寸公差样式"，如图 11-53 所示。

图 11-53 左右键槽的公差标注

步骤 9：标注断面图的剖切符号及名称

1）单击 "插入" 选项卡 "块" 面板中的插入按钮，弹出如图 11-54 所示的 "插入" 对话框。

✖小技巧：也可在命令行中输入 i 命令来弹出 "插入" 对话框。

2）单击 "插入" 对话框中的 浏览(B)... 按钮，在 "选择图形文件" 对话框（如图 11-55 所示）中指定已成为块文件的 "剖切符号.dwg" 文件（教师准备好提供给学生），单击 "打开" 按钮。

3）回到 "插入" 对话框，选中 "插入点"、"缩放比例"、"旋转" 三个选项区域中的 "在屏幕上指定" 复选框，单击 "确定" 按钮。

4）在屏幕上指定插入点，完成剖切符号的标注，如图 11-56 所示。

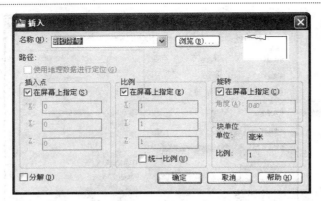

图 11-54 "插入"对话框

图 11-55 "选择图形文件"对话框

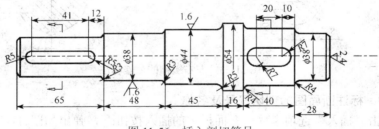

图 11-56 插入剖切符号

5) 单击"注释"选项卡文字面板中的 **A**（多行文本）按钮，在屏幕上选择需要标注的剖切位置，按住鼠标左键确定文字插入位置并单击，弹出"文字编辑器"面板，如图 11-57 所示。

图 11-57 "文字编辑器"面板

6）设置文字高度为 5，关闭"文字编辑器"面板。

7）完成如图 11-58 所示的剖切符号名称等的标注。

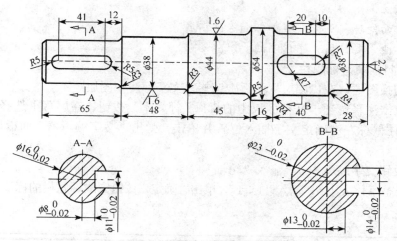

图 11-58　标注剖切符号的名称

步骤 10：标注技术要求

1）切换图层，在"图层"面板中选择"文字标注"图层。

2）单击注释选项卡文字面板中的 **A**（多行文本）按钮，在屏幕上选择需要标注的位置，按住鼠标左键确定文字插入位置并单击，弹出"文字编辑器"面板，如图 11-57 所示。

3）设置文字高度为 8，输入"技术要求"。

4）设置文字高度为 5，输入具体的技术要求内容，单击"确定"按钮完成技术要求的标注，效果如图 11-59 所示。

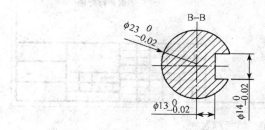

技术要求：

1. 锐边倒钝，去毛刺；

2. 热处理：调质HRC28～32；

3. 表面镀锌处理。

图 11-59　技术标注要求部分图示

📖**小知识**：零件图的技术要求通常包括以下几项。

1）对毛坯的要求。例如，铸件、锻件，不准有铸造（锻造）缺陷，未注圆角，拔模斜度等。

2）对热处理要求。例如，调质处理HRC28～32，淬火HRC45～50等。

3）未注倒角。

4）表面处理。例如，非加工面涂防锈底漆等。

5）其他需要使用文字说明的要求。

步骤11：填写标题栏

1）切换图层，在"图层"面板中选择"文字标注"图层。

2）单击注释选项卡文字面板中的 **A**（多行文本）按钮，在屏幕上选择需要标注的位置，按住鼠标左键确定文字插入位置并单击，弹出"文字编辑器"面板，如图11-57所示。

3）设置文字高度为6，输入"轮轴"。

4）调整字体大小5，输入"1∶1"，单击"确定"按钮完成标题栏的标注，如图11-60所示。

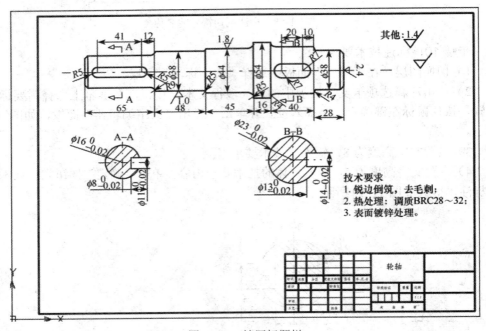

图11-60　填写标题栏

11.4　项目总结

轮轴，顾名思义是由"轮"和"轴"组成的系统。该系统能绕共轴线旋转，相当于以轴心为支点，半径为杆的杠杆系统。所以，轮轴能够改变扭力的力矩，从而实现改变扭力的大小。

实际设计工作中，图纸的许多项目，如字体、标注样式、图层、标题栏等，都需设定为相同标准。要实现这一目标，一种方法是利用样板文件为原型图创建新图形，另一种方法是通过设计中心从其他零件图中复制所需的项目。

11.5 思考与练习

1. 用 AutoCAD 绘制机械零件图的主要过程是什么？
2. 画出如图 11-61 和图 11-62 所示的零件图。

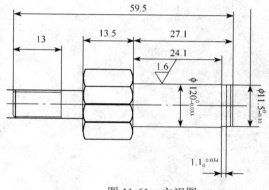

图 11-61 主视图

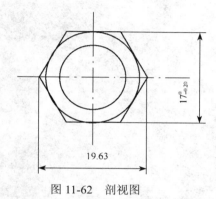

图 11-62 剖视图

附　　录

AutoCAD 命令全集及快捷键

序 号	CAD 命令	简 写	用 途
1	F1		帮助
2	F2		显示/隐藏文本窗口
3	F3		对象捕捉开/关
4	F4		数字化仪开/关
5	F5		等轴测平面转换
6	F6		动态 UCS 开/关
7	F7		栅格开/关
8	F8		正交开/关
9	F9		捕捉开/关
10	F10		极轴开/关
11	F11		对象捕捉追踪开/关
12	F12		动态输入开/关
13	3D	3D	创建三维实体
14	3DARRAY	3A	三维阵列
15	3DCLIP		设置剪切平面位置
16	3DCORBLT		继续执行 3DORBIT 命令
17	3DDISTANCE		距离调整
18	3DFACE	3F	绘制三维曲面
19	3DMESH		绘制三维自由多边形网格
20	3DORBLT	3DO	三维动态旋转（受约束动态观察）
21	3DFOrbit		三维动态旋转（自由动态观察）
22	3DPAN		三维视图平移
23	3DPLOY	3P	绘制三维多段线
24	3DSIN		插入一个 3DS 文件
25	3DSOUT		输出图形数据到一个 3DS 文件
26	3DSWIVEL		旋转相机
27	3DZOOM		三维视窗下视窗缩放
28	ABOUT		显示 AutoCAD 的版本信息
29	ACISIN		插入一个 ACIS 文件
30	ACISOUT		将 AutoCAD 三维实体目标输出到 ACIS 文件
31	ADCCLOSE		关闭 AutoCAD 设计中心
32	ADCENTER	ADC 或 Ctrl+2	启动 AutoCAD 设计中心
33	ADCNAVIGATE	ADC	启动 AutoCAD 设计中心并直接访问用户所设置的文件名、路径或网上目录
34	ALIGN	AL	图形对齐
35	AMECONVERT		将 AME 实体转换成 AutoCAD 实体

序　号	CAD 命令	简　写	用　途
36	APERTURE		控制目标捕捉框的大小
37	APPLOAD	AP	装载/卸载应用程序
38	ARC	A	绘制圆弧
39	AREA	AA	计算所选择区域的周长和面积
40	ARRAY	AR	图形阵列
41	ARX		加载/卸载 Object ARX 程序
42	ATTDEF	ATT	创建属性定义
43	ATTDISP		控制属性的可见性
44	ATTEDIT	ATE	编辑图块属性值
45	ATTEXT	DDATTEXT	摘录属性定义数据
46	ATTREDEF		重定义一个图块及其属性
47	AUDIT		检查并修复图形文件的错误
48	BACKGROUND		设置渲染背景
49	BASE		设置当前图形文件的插入点
50	BEDIT		依次打开"编辑块定义"对话框和"块编辑器"
51	BHATCH	H	区域图样填充
52	BLIPMODE		点记模式控制
53	BLOCK	B	块定义
54	BLOCKICON		为 AutoCAD V14 或更早版本所创建的图块生成预览图像
55	BMPOUT		将所选实体以 BMP 文件格式输出
56	BOUNDARY	BO 或 - BO	创建区域
57	BOX		绘制三维长方体实体
58	BRDAK	BR	折断图形
59	BROWSER		网络游览
60	BSAVE		保存当前块定义
61	CAL		AutoCAD 计算功能
62	CAMERA		相机操作
63	CHAMFER	CHA	倒直角
64	CHANGE	- CH	属性修改
65	CH PROP		修改基本属性
66	CIRCLE	C	绘制圆
67	CLOSE		关闭当前图形文件
68	COLOR	COL	设置实体颜色
69	commandline	Ctrl＋9	显示命令行
70	commandlinehide	Ctrl＋9	隐藏命令行
71	COMPILE		编译 Shape 文件和 PostScript 文件

序　号	CAD 命令	简　写	用　途
72	CONE		绘制三维圆锥实体
73	CONVERT		将由 AutoCAD V14 或更低版本所作的二维多段线（或关联性区域图样填充）转换成 AutoCAD 2000 格式
74	COPY	CO 或 CP	复制实体
75	COPYBASE	Ctrl＋Shift＋C	固定基点以复制实体
76	COPYCLIP		复制实体到 Windows 剪贴板
77	COPYHIST		复制命令窗口历史信息到 Windows 剪贴板
78	COPYLINK		复制当前视窗至 Windows 剪贴板
79	CUI		用户自定义面板
80	CUTCLIP	Ctrl＋X	剪切实体至 Windows 剪贴板
81	CYLINDER		绘制一个三维圆柱实体
82	DBCCLOSE		关闭数据库连接管理
83	DBCONNECT	DBC 或 Ctrl＋6	启动数据库链接管理
84	DBLIST		列表显示当前图形文件中每个实体的信息
85	DDEDIT	ED	修改文字编辑
86	DDPTYPE		设置点的形状及大小
87	DDVPOINT	VP	通过对话框选择三维视点
88	DELAY		设置演示（Script）延时时间
89	DIM AND DIM1		进入尺寸标注状态
90	DIMALIGNED	DAL	标注平齐尺寸
91	DIMANGULAR	DAN	标注角度
92	DIMBASELINE	DBA	基线标注
93	DIMCENTER	DCE	标注圆心（正数为十字叉，负数为十字线）
94	DIMCONTINUE	DCO	连续标注
95	DIMDIAMETER	DDI	标注直径
96	DIMEDIT	DED	编辑尺寸标注
97	DIMLINEAR	DLI	标注长度尺寸
98	DIMORDINATE	DOR	标注坐标值
99	DIMOVERRIDE	DOR	临时覆盖系统尺寸变量设置
100	DIMRADIUS	DRA	标注半径
101	DIMSTYLE	D	标注样式管理器
102	DIMTEDIT	DIMTED	编辑尺寸文本
103	DIST	DI	测量两点之间的距离
104	DIVIDE	DIV	等分实体
105	DONUT	DO	绘制圆环
106	DRAGMODE		控制是否显示拖动对象的过程
107	DRAWORDER	DR	控制两重叠（或有部分重叠）图像的显示次序

序　号	CAD 命令	简　写	用　　途
108	DSETTINGS	DS、SE	草图设置
109	DSVIEWER	AV	鸟瞰视图
110	DTEXT	DT	单行文字
111	DVIEW	DV	视点动态设置
112	DWGPROPS		设置和显示当前图形文件的属性
113	DXBIN		将 DXB 文件插入到当前文件中
114	EDGE		控制三维曲面边的可见性
115	EDGESURF		绘制四边定界曲面
116	ELEV		设置绘图平面的高度
117	ELLIPSE	EL	绘制椭圆或椭圆弧
118	ERASE	E	删除实体（all 全选命令；f 纹线选择；r 减选命令）
119	EXPLODE	X 或空格	分解实体（炸开）
120	EXPORT	EXP	文件格式输出
121	EXPRESSTOOLS		如果当前 AutoCAD 环境中无"快捷工具"，可启动该命令以安装 AutoCAD 快捷工具
122	EXTEND	EX	延长实体
123	EXETRUDE	EXT	将二维图形拉伸成三维实体
124	FILL		控制实体的填充状态
125	FILLET	F	圆角（倒圆角）
126	FILTER	FI	过滤选择实体
127	FIND		查找与替换文件
128	FOG		三维渲染的雾度配置
129	GRAPHSCR		在图形窗口和文本窗口间切换
130	GRID		显示栅格
131	GROUP	G	对象编组（Ctrl＋Shift＋A 编组开/关）
132	HATCH	H	填充图样和渐变色
133	HATCHEDIT	HE	编辑区域填充图样
134	HELP		显示 AutoCAD 在线帮助信息
135	HIDE		消隐
136	HYPERLINK	Ctrl＋K、Ctrl＋M	插入超级链接
137	HYPERLINKOPTIONS	HI	控制是否显示超级链接标签
138	ID	ID	显示点的坐标
139	IMAGE		外部参照
140	IMAGEADJUST	LAD	调整所选图像的明亮度、对比度和灰度
141	IMAGEATTACH	LAT	附贴一个图像至当前图形文件

序　号	CAD 命令	简　　写	用　　途
142	IMAGECLIP	ICL	调整所选图像的边框大小
143	IMAGFRAME		控制是否显示图像的边框
144	IMAGEQUALITY		控制图像的显示质量
145	IMPORT	TMP	插入其他格式文件
146	INSERT	I	把图块（或文件）插入到当前图形文件
147	INSERTOBJ	IO	插入 OLE 对象
148	INTERFERE	INF	将两个或两个以上的三维实体的相交部分创建为一个单独的实体
149	INTERSECT	IN	对三维实体求交
150	ISOPLANE		定义基准面
151	JOIN	J	合并
152	LAYER	LA	图层控制
153	LAYOUT	LO	创建新布局或对已存在的布局进行更名、复制、保存或删除等操作
154	LAYOUTWIZARD		布局向导
155	LEADER	LE	指引标注（画出指引线）
156	LENGTHEN	LEN	改变实体长度
157	LIGHT		光源设置
158	LIMTS		设置图形界限
159	LINS	L	绘制直线
160	LINETYPE	LT	创建、装载或设置线型
161	LIST	LS	列表显示实体信息
162	LOAD		装入已编译过的图形文件
163	LOGFILEOFF		关闭登录文件
164	LOGFILEON		将文本窗口的内容写到一个记录文件中
165	LSEDIT		场景编辑
166	LSLIB		场景库管理
167	LSNEW		添加场景
168	LTSCALE	LTS	设置线型比例系数
169	LWEIGHT	LW	设置线宽
170	MASSPROP		查询实体特性
171	MATCHPROP		特性匹配
172	MATLIB		材质库管理
173	MEASURE	ME	定长等分实体
174	MENU		加载菜单文件
175	MENULOAD		加载部分主菜单
176	MENUUNLOAD		卸载部分主菜单
177	MINSERT		按矩形阵列方式插入图块
178	MIRROR	MI	镜像实体

序　号	CAD 命令	简　写	用　途
179	MIRROR3D		三维镜像
180	MLEDIT		编辑平行线
181	MLINE	ML	绘制平行线
182	MLSTYLE		定义平行线样式
183	MODEL		从图纸空间切换到模型空间
184	MOVE	M	移动实体
185	MREDO	Ctrl＋Y	撤销返回
186	MSLIDE		创建幻灯片
187	MSPACE	MS	从图纸空间切换到模型空间
188	MTEXT	T	多行文本标注
189	MULTIPLE		反复多次执行上一次命令直到执行其他命令或按 Esc 键
190	MVIEW	MV	创建多视窗
191	MVSETUP		控制视口
192	NEW	Ctrl＋N	新建图形文件
193	OFFSET	O	偏移复制实体
194	OLELINKS		更新、编辑或取消已存在的 OLE 链接
195	OLESCALE		显示 OLE 属性管理器
196	OOPS		恢复最后一次被删除的实体
197	OPEN	Ctrl＋O	打开图形文件
198	OPTIONS	OP、PR	设置 AutoCAD 系统配置
199	ORTHO		切换正交状态
200	OSNAP	OS	设置目标捕捉方式及捕捉框大小
201	PAGESETUP		页面设置
202	PAN	P	视图平移
203	PARTIALOAD		部分装入
204	PARTIALOPEN		部分打开
205	PASTEBLOCK		将已复制的实体目标粘贴成图块
206	PASTECLIP	Ctrl＋V	粘贴
207	PASTEORLG		固定点粘贴
208	PASTESPEC	PA	将剪贴板上的数据粘贴至当前图形文件中并控制其数据格式
209	PCINWINEARD		导入 PCP 或 PC2 配置文件的向导
210	PEDIT	PE	编辑多段线和三维多边形网格
211	PFACE		绘制任意形状的三维曲面
212	PLAN		设置 UCS 平面视图

续表

序　号	CAD 命令	简　写	用　途
213	PLINE	PL	绘制多段线
214	PLOT	Ctrl＋P	打印模型
215	PLOTSTYLE		设置打印样式
216	PLOTTERMANAGER		打印机管理器
217	POINT	PO	绘制点
218	POLYGON	POL	绘制正多边形
219	PREVIEW	PRE	
220	PROPERTIES	CH、MO、Ctrl＋1	目标属性管理器
221	PROPERTLESCLOSE	PRCLOSE	关闭属性管理器
222	PSDRAG		控制 PostScript 图像显示
223	PSETUPIN		导入自定义页面设置
224	PSFILL		用 PostScript 图案填充二维多段线
225	PSIN		输入 PostScript 文件
226	PSOUT		输出 PostScript 文件
227	PSPACE	PS	从模型空间切换到图纸空间
228	PURGE	PU	消除图形中无用的对象，如图块、尺寸标注样式、图层、线型、形和文本标注样式等
229	PYRAMID		创建三维实体棱锥体
230	QDIM		尺寸快速标注
231	QLEADER	LE	快速标注指引线
232	QPMODE（1 开 0 关）	Ctrl＋Shift＋P	快捷特性开/关
233	QSAVE	Ctrl＋S	保存当前图形文件
234	QSELECT		快速选择实体
235	QTEXT		控制文本显示方式
236	QUIT	Ctrl＋Q	保存文件，退出 AutoCAD
237	RAY		绘制射线
238	RECOVER		修复损坏的图形文件
239	RECTANG	REC	绘制矩形
240	REDEFINE		恢复一条已被取消的命令
241	REDO		恢复由 Undo（或 U）命令取消的最后一条命令
242	REDRAW	R	重新显示当前视窗中的图形
243	REDRAWALL	RA	重新显示所有视窗中的图形
244	REFCLOSE		外部引用在位编辑时保存退出
245	REFEDIT		外部引用在位编辑
246	REFSET		添加或删除外部引用中的项目
247	REGEN	RE	重新生成当前视窗中的图形

序　号	CAD 命令	简　写	用　途
248	REGENALL	REA	重新刷新生成所有视窗中的图形
249	REGGNAUTO		自动刷新生成图形
250	REGION	REG	创建区域
251	REINIT		重新初始化 AutoCAD 的通信端口
252	RENAME	REN	更改实体对象的名称
253	RENDER	RR	渲染
254	RENDSCK		重新显示渲染图片
255	REPLAY		显示 BMP、TGA 或 TIEF 图像文件
256	RESUME		继续已暂停或中断的脚本文件
257	REVOLVE	REV	将二维图形旋转成三维实体
258	REVSURF		绘制旋转曲面
259	RMAT		材质设置
260	ROTATE	RO	旋转实体
261	ROTATE3D		三维旋转
262	RPREF	RPR	设置渲染参数
263	RSCRIPT		创建连续的脚本文件
264	RULESURF		绘制直纹面
265	SAVE		保存图形文件
266	SAVE AS		将当前图形另存为一个新文件
267	SAVEIMG		保存渲染文件
268	SCALE	SC	比例缩放实体
269	SCENE		场景管理
270	SCRIPT	SCR	自动批处理 AutoCAD 命令
271	SECTION	SEC	生成剖面
272	SELECT		选择实体
273	SETUV		设置渲染实体几何特性
274	SETVAR	SET	设置 AutoCAD 系统变量
275	SHADE	SHA	着色处理
276	SHAPE		插入形文件
277	SHELL	SH	切换到 DOS 环境下
278	SHOWMAT		显示实体材质类型
279	SHOWPALETTES	Ctrl＋Shift＋H	恢复由 HIDEPALETTES 隐藏的显示状态和选项板位置
280	SKETCH		徒手画线
281	SLICE	SL	将三维实体切开
282	SNAP	SN	设置目标捕捉功能

序　号	CAD命令	简　写	用　途
283	SOLDRAW		生成三维实体的轮廓图形
284	SOLID	SO	绘制实心多边形
285	SOLIDEIDT		三维实体编辑
286	SOLPROF		绘制三维实体的轮廓图像
287	SOLVIEW		创建三维实体的平面视窗
288	SPELL	SP	拼写检查
289	SPHERE		绘制球体
290	SPLINE	SPL	绘制一条光滑曲线
291	SPLINEDIT	SPE	编制一条光滑曲线
292	STATS		显示渲染实体的系统信息
293	STATUS		查询当前图形文件的状态信息
294	STLOUT		将三维实体以STL格式保存
295	STRETCH	S	拉伸实体
296	STYLE	ST	文字样式
297	STYLESMANAGER		显示打印样式管理器
298	SUBTRACT	SU	布尔求差
299	SYSWINDOWS		控制AutoCAD文体窗口
300	TABLET	TA	设置数字化仪
301	TABSURF		绘制拉伸曲面
302	TEXT	T	标注单行文本
303	TEXTSCR		切换到AutoCAD文体窗口
304	TIME		时间查询
305	TOLERANCE	TOL	创建尺寸公差
306	TOOLBAR	TO	增减工具栏
307	TORUS	TOR	创建圆环实体
308	TRACE		等宽线的设定
309	TRANSPARENCY		透水波设置
310	TREESTAT		显示当前图形文件件路径信息
311	TRIM	TR	剪切
312	U	Ctrl+Z	撤销上一操作
313	UCS		建立用户坐标系统
314	UCSICON		控制坐标图形显示
315	UCSMAN		UCS管理器
316	UNDEFINE		允许用户将自定义命令覆盖AutoCAD内部命令
317	UNDO		撤销上一组操作
318	UNION	UNI	布尔求并

序　号	CAD 命令	简　写	用　途
319	UNITS	UN	设置长度及角度的单位格式和精度等级
320	VBAIDE		VBA 集成开发环境
321	VBALOAD		加载 VBA 项目
322	VBAMAN		VBA 管理器
323	VBARUN		运行 VBA 宏
324	VBASTMT		运行 VBA 语句
325	VBAUNLOAD		卸载 VBA 工程
326	VIEW	V	视窗管理器
327	VIEWRES		设置当前视窗中目标重新生成的分辨率
328	VLISP	VLIDE	打开 Visual LISP 集成开发环境
329	VPCLIP		复制视图实体
330	VPLAYER		设置视窗中层的可见性
331	VPOINT	VP	设置三维视点
332	VPORTS		视窗分割
333	VSCURRENT		视觉样式（包括着色）
334	VSLIDE		显示幻灯文件
335	WBLOCK	W	图块存盘
336	WEDGE	WE	绘制楔形体
337	WHOHAS		显示已打开的图形文件的所属信息
338	WMFIN		输入 Windows 应用软件格式的文件
339	WMFOPTS		设置 WMFIN 命令选项
340	WMFOUT		WMF 格式输出
341	XATTACH	XA	粘贴外部文件至当前图形
342	XBIND	XB	将一个外部引用的依赖永久地溶入当前图形文件中
343	XCLIP	XC	设置图块或处理引用边界
344	XLINE	XL	绘制无限长直线
345	XPLODE		分解图块并设置属性参数
346	XREF	XR	外部引用
347	ZOOM	Z	视图缩放透明命令
348	Ctrl＋A	Ctrl＋A	全选
349	Ctrl＋3	Ctrl＋3	工具选项版

参 考 文 献

姜勇. 2006. 从零开始: AutoCAD 2006 中文版机械制图基础培训教程. 北京: 人民邮电出版社.

姜勇, 李善锋, 徐珊珊. 2008. AutoCAD 2008 中文版基础教程. 北京: 人民邮电出版社.

李波, 李贤成. 2009. AutoCAD 2009 实用自学手册. 北京: 电子工业出版社.

李腾训, 卢杰. 2009. 计算机辅助设计: AutoCAD 2009 教程. 北京: 清华大学出版社.

李香敏. 1999. AutoCAD 2000 建筑设计与绘图. 成都: 电子科技大学出版社.

林彦, 史向荣, 李波. 2009. AutoCAD 2009 建筑与室内装饰设计实例精解. 北京: 机械工业出版社.

龙马工作室. 2010. AutoCAD 2010 完全自学手册. 北京: 人民邮电出版社.

王芳, 李井永. 2010. AutoCAD 2010 建筑制图实例教程. 北京: 清华大学出版社、北京交通大学出版社.

谢侃, 谭宇, 曾武. 2011. AutoCAD 2010 机械设计绘图基础入门与范例精通. 北京: 科学出版社.

薛焱. 2010. 中文版 AutoCAD 2010 基础教程. 北京: 清华大学出版社.

张六成. 2010. 计算机辅助设计: AutoCAD 2010 基础与项目案例教程. 北京: 中国水利水电出版社.